Normativa infraestructuras alta tensión

avanza editorial

Editado por:
EDITORIAL FAE, S.L.U.
Correo electrónico: editorial@editorialfae.com

Normativa infraestructuras alta tensión
Beatriz Coronado García

1ª Edición

Se ha puesto el máximo empeño en ofrecer a la persona lectora una información completa y precisa. Sin embargo, Editorial FAE, S.L.U. no asume ninguna responsabilidad derivada de su uso ni tampoco de cualquier violación de patentes ni otros derechos de terceras partes que pudieran ocurrir. Esta publicación tiene por objeto proporcionar unos conocimientos precisos y acreditados sobre el tema tratado. Su venta no supone para el editor ninguna forma de asistencia legal, administrativa o de ningún otro tipo.

Reservados todos los derechos de publicación en cualquier idioma:

De conformidad con lo dispuesto en el artículo 270 del Código Penal vigente, ninguna parte de este libro puede ser reproducida, grabada en sistema de almacenamiento o transmitida en forma alguna ni por cualquier procedimiento, ya sea electrónico, mecánico, reprográfico, magnético o cualquier otro, sin autorización previa y por escrito de Editorial FAE, S.L.U.; su contenido está protegido por la Ley vigente, que establece penas de prisión y/o multas a quienes intencionadamente reprodujeren o plagiaren, en todo o en parte, una obra literaria, artística o científica.

ISBN: 978-84-1135-340-3

Impreso en España

Índice

U. A. 1. Política de infraestructuras eléctricas de alta tensión

Introducción

Objetivos

1. Introducción
2. Visión histórica
3. Evolución del escenario regulatorio español
4. Regulación de la actividad de planificación del transporte en un modelo liberalizado
5. La planificación de la red de transporte. Esquema regulatorio en España
6. La planificación de la red de transporte. Elaboración de los planes recogidos en el documento de planificación de los sectores de electricidad y gas del ministerio

RESUMEN

GLOSARIO

EJERCICIOS DE AUTOEVALUACIÓN

U. A. 2. Marco legal

Introducción

Objetivos

1. Introducción
2. Ley del sector eléctrico
3. Principios básicos
4. Sujetos del sector eléctrico
5. Funcionamiento del sistema
6. Acción de las diferentes administraciones
7. Responsables de la gestión del sistema: actividades reguladas
8. Régimen económico de las actividades
9. Desarrollo de la ley de la electricidad
10. Diseño y construcción de instalaciones idea general de la normativa a aplicar

U. A. 3. Normativa medioambiental

U. A. 4. Parámetros de diseño en instalaciones de alta tensión

U. A. 5. Análisis del sistema eléctrico español

Introducción

Objetivos

1. El sistema eléctrico español en cifras (pasado y presente)
2. El sistema eléctrico español del futuro

RESUMEN

GLOSARIO

EJERCICIOS DE AUTOEVALUACIÓN

U. A. 6. Operación del sistema eléctrico español

Introducción

Objetivos

1. Criterios de seguridad y funcionamiento
2. Establecimiento de la reserva de regulación frecuencia-potencia
3. Operación de la red de transporte
4. Estudios y medidas de corto plazo
5. Actuaciones en tiempo real
6. El régimen especial en tiempo real
7. Gestión de las interconexiones internacionales

RESUMEN

GLOSARIO

EJERCICIOS DE AUTOEVALUACIÓN

U. A. 7. Tramitación de procedimientos administrativos

Aplicaciones prácticas

Ejercicio de evaluación final

Solucionario

Bibliografía

U. A. 1. Política de infraestructuras eléctricas de alta tensión

Introducción

La política de infraestructuras eléctricas de alta tensión es un área crítica dentro del sector energético, especialmente en el contexto español. Este campo se centra en el desarrollo, planificación y regulación de la red eléctrica de alta tensión, esencial para la distribución eficiente de la energía eléctrica.

La infraestructura de alta tensión es fundamental para conectar las fuentes de generación de energía con los consumidores finales, asegurando la estabilidad y la seguridad del suministro eléctrico.

Objetivos

- Analizar la evolución histórica de la infraestructura eléctrica de alta tensión en España y cómo ha influido en la configuración actual del sector.
- Profundizar en el escenario regulatorio español, incluyendo la regulación de la actividad de planificación del transporte en un modelo liberalizado y la elaboración de los planes de infraestructura eléctrica.

1. Introducción

La política de infraestructuras eléctricas de alta tensión representa un pilar fundamental en la arquitectura del sistema energético, especialmente en un contexto como el español, donde la transición energética y la modernización de la red eléctrica son temas de creciente importancia.

Anotación

La alta tensión, definida por el transporte de electricidad a voltajes usualmente superiores a 36 kilovoltios (kV), es clave para la transmisión eficiente de energía eléctrica a largas distancias, conectando las centrales de generación con los centros de consumo y distribución.

Este sector ha experimentado una evolución significativa en las últimas décadas, impulsada tanto por avances tecnológicos como por cambios en el marco regulatorio. Históricamente, la red de alta tensión en España ha sido un componente clave para garantizar la seguridad y estabilidad del suministro eléctrico en todo el territorio nacional. La infraestructura existente ha sido el resultado de un proceso de planificación y desarrollo que ha buscado adaptarse a las necesidades cambiantes de la sociedad y la economía, así como a los desafíos ambientales.

Fig. 1. La política de infraestructuras eléctricas de alta tensión en España requiere una comprensión detallada de los aspectos técnicos, regulatorios y económicos

En el contexto español, la política de infraestructuras eléctricas de alta tensión se ha visto influenciada por diversos factores. Entre estos, destacan el crecimiento de la demanda energética, la integración de fuentes de energía renovable y la necesidad de garantizar una red robusta y resiliente. Además, el compromiso de España con la reducción de emisiones de carbono y la transición hacia una economía más sostenible ha sido un motor importante para la revisión y actualización de estas políticas.

La regulación de la actividad de planificación del transporte de electricidad en un modelo liberalizado es otro aspecto clave. Este modelo implica una mayor competencia en el mercado energético, rompiendo con el tradicional esquema monopolístico y buscando una mayor eficiencia y mejores precios para los consumidores. En este marco, la planificación de la red de alta tensión no solo debe considerar aspectos técnicos y económicos, sino también adaptarse a un entorno de mercado más dinámico y competitivo.

El documento de planificación de los sectores de electricidad y gas, elaborado por el Ministerio correspondiente, es imprescindible en este proceso. Este documento establece las directrices para el desarrollo futuro de la red, incluyendo la expansión y modernización de las infraestructuras de alta tensión. Aquí se contemplan tanto las proyecciones de demanda energética como las necesidades de integración de nuevas fuentes de generación, especialmente renovables, en el sistema eléctrico.

Fig. 2. La planificación y gestión efectiva de las infraestructuras son esenciales para garantizar un suministro eléctrico seguro, eficiente y sostenible

2. Visión histórica

La historia de las infraestructuras eléctricas de alta tensión en España es un relato fascinante de progreso tecnológico, adaptación a cambios socioeconómicos y transformaciones en la política energética. Este viaje comienza en las primeras décadas del siglo XX, cuando el país empezó a construir su infraestructura eléctrica. Durante este período, el foco estaba en la electrificación de ciudades y zonas industriales, lo que sentó las bases para el desarrollo posterior de las redes de alta tensión.

La era de la posguerra marcó un periodo de intensa industrialización y crecimiento económico en España. Este crecimiento trajo consigo un aumento significativo en la demanda de energía eléctrica, impulsando la expansión de la red de alta tensión. La infraestructura eléctrica se convirtió en un elemento clave para la modernización económica del país, facilitando la expansión industrial y mejorando la calidad de vida de la población.

Durante las décadas de 1960 y 1970, España experimentó una transformación en su sector energético. La integración de diferentes fuentes de generación, incluyendo hidroeléctrica, térmica y, más adelante, nuclear, requirió una red de alta tensión más sofisticada y extensa. Esta época vio la construcción de grandes centrales de generación y la expansión de la red de transporte eléctrico, conectando estas centrales con los principales centros de consumo.

La transición a la democracia en los años 80 trajo consigo cambios en la política energética, incluyendo la liberalización del mercado eléctrico. Este cambio supuso un desafío para la planificación y gestión de la red de alta tensión, ya que se introdujeron nuevos actores en el mercado y se incrementó la complejidad del sistema energético.

Fig. 3. La liberalización requería una regulación cuidadosa para garantizar la competencia leal y la seguridad del suministro

A principios del siglo XXI, la atención se centró en la integración de energías renovables en la red eléctrica. España, con su abundancia de recursos solares y eólicos, se convirtió en un líder en la generación de energía renovable. Sin embargo, la integración de estas fuentes intermitentes y distribuidas presentó nuevos desafíos para la red de alta tensión, que tuvo que adaptarse para manejar flujos de energía más variables y descentralizados.

Hoy en día, la visión histórica de las infraestructuras eléctricas de alta tensión en España refleja una evolución continua. Las tendencias actuales se centran en mejorar la resiliencia y sostenibilidad de la red, incorporando tecnologías avanzadas como la digitalización, el almacenamiento de energía y la gestión de la demanda. Estos avances apuntan hacia un futuro más verde y eficiente, donde la red de alta tensión no solo es una arteria para el transporte de energía, sino también una plataforma para la innovación y la sostenibilidad.

A continuación, se expone una tabla resumen de la evolución histórica de las infraestructuras eléctricas de alta tensión en España. Esta tabla estará organizada por décadas y eventos clave:

Década	Eventos clave en la evolución de las infraestructuras eléctricas de alta tensión
1900s - 1930s	Inicio de la electrificación: Construcción inicial de la infraestructura eléctrica centrada en áreas urbanas e industriales.
1940s - 1950s	Postguerra y crecimiento: Aumento de la demanda eléctrica debido a la industrialización. Expansión de la red de alta tensión para soportar el crecimiento económico.
1960s - 1970s	Diversificación de la generación: Integración de fuentes hidroeléctricas, térmicas y nucleares. Expansión significativa de la red de alta tensión.
1980s - 1990s	Liberalización del mercado: Transición hacia un mercado eléctrico liberalizado. Mayor complejidad en la gestión y planificación de la red.
2000s - Presente	Era de las renovables: Integración de energías renovables (solar y eólica). Adaptación de la red a fuentes intermitentes y descentralizadas. Enfoque en resiliencia y sostenibilidad.

3. Evolución del escenario regulatorio español

La evolución del escenario regulatorio español en lo que respecta a las infraestructuras eléctricas de alta tensión es una historia de continua adaptación a los desafíos económicos, tecnológicos y ambientales. Este proceso ha sido fundamental para el desarrollo y la eficiencia del sector eléctrico en España, impactando directamente en la planificación y operación de la red de alta tensión.

Inicialmente, el escenario regulatorio español estaba fuertemente centralizado y controlado por el Estado. En el periodo de posguerra y durante las décadas subsiguientes, el gobierno jugó un papel preponderante en el desarrollo de la infraestructura eléctrica. La regulación se centraba en la expansión de la red para satisfacer la creciente demanda de electricidad, con un enfoque en la eficiencia y la seguridad del suministro. Durante este tiempo, las compañías eléctricas operaban bajo un régimen de monopolio o de concesiones estatales, lo que limitaba la competencia en el sector.

Fig. 4. En el período de posguerra, muchas naciones, incluyendo España, se enfrentaron a una demanda creciente de electricidad debido a la reconstrucción y el crecimiento económico

Los años 80 y 90 marcaron un punto de inflexión con el inicio de la liberalización del mercado eléctrico. Este proceso se aceleró con la adhesión de España a la Comunidad Económica Europea (CEE), lo que llevó a una serie de directivas y regulaciones para armonizar el mercado energético con las normativas europeas. La liberalización buscaba introducir la competencia en el sector, reducir los costos para los consumidores y mejorar la eficiencia general del sistema eléctrico. Este período vio la gradual reducción del papel del Estado en el sector eléctrico, dando paso a un mercado más abierto y competitivo.

A principios del siglo XXI, el marco regulatorio se centró en consolidar el mercado liberalizado y en promover la integración de energías renovables. Esto incluyó la implementación de políticas de incentivos para la generación de energía solar y eólica, junto con la regulación para facilitar su integración en la red de alta tensión. La regulación también comenzó a enfocarse más en la sostenibilidad y la reducción de emisiones de gases de efecto invernadero, en línea con los compromisos internacionales de España en materia de cambio climático.

En la actualidad, el escenario regulatorio sigue evolucionando para abordar los desafíos de la transición energética y la digitalización. Esto incluye la implementación de tecnologías avanzadas para mejorar la eficiencia de la red, la gestión de la demanda y la integración de sistemas de almacenamiento de energía. Además, la regulación actual busca equilibrar la seguridad del suministro, la sostenibilidad y la accesibilidad económica, manteniendo un enfoque firme en la innovación y la adaptabilidad del sector energético frente a los rápidos cambios tecnológicos y ambientales.

Saber más

España, como muchos otros países, ha desarrollado una serie de normativas y leyes específicas para regular el sector eléctrico, incluyendo las infraestructuras de alta tensión. Algunas de las normas más relevantes incluyen:

- **Ley del sector eléctrico (Ley 24/2013):** Esta ley es fundamental para el marco regulatorio del sector eléctrico en España. Establece las bases para la actividad de producción, transporte, distribución, comercialización, suministro y procedimientos de autorización de instalaciones eléctricas. También aborda aspectos como la promoción de energías renovables, la eficiencia energética y la protección de los consumidores.
- **Real Decreto 1955/2000:** Regula las actividades de transporte, distribución, comercialización, suministro y procedimientos de autorización de instalaciones de energía eléctrica. Esta normativa es clave en la definición de las condiciones técnicas y administrativas para estas actividades.
- **Real Decreto 223/2008:** Establece la metodología para el cálculo de los peajes de acceso a las redes de transporte y distribución de energía eléctrica. Los peajes de acceso son fundamentales para el funcionamiento económico del sistema eléctrico.
- **Real Decreto 413/2014:** Regula la actividad de producción de energía eléctrica a partir de fuentes de energía renovables, cogeneración y residuos. Aunque se centra más en la generación, tiene implicaciones importantes para la infraestructura de alta tensión, especialmente en lo que respecta a la integración de energías renovables.
- **Código Técnico de la Edificación (CTE):** Aunque se centra en la edificación, incluye aspectos relacionados con las instalaciones eléctricas que deben cumplir con ciertos requisitos de seguridad y eficiencia, lo que indirectamente afecta a la red de alta tensión.
- **Regulaciones de la Comisión Nacional de los Mercados y la Competencia (CNMC):** La CNMC es el organismo encargado de supervisar y regular los mercados de energía en España. Sus decisiones y regulaciones tienen un impacto significativo en la operación del mercado eléctrico y, por ende, en las infraestructuras de alta tensión.
- **Normativas europeas**: Además, España, como miembro de la Unión Europea, debe cumplir con una serie de directivas y regulaciones europeas relacionadas con el mercado energético y la infraestructura eléctrica, como la Directiva 2009/72/CE sobre normas comunes para el mercado interior de la electricidad.

Estas normas son parte de un marco legal y regulatorio complejo que busca asegurar un suministro de energía seguro, eficiente y sostenible, adaptándose a los cambios tecnológicos y a los desafíos del sector energético.

4. Regulación de la actividad de planificación del transporte en un modelo liberalizado

En un modelo de mercado liberalizado, la regulación de la actividad de planificación del transporte eléctrico asume un rol esencial para garantizar la eficiencia, competitividad y sostenibilidad del sistema eléctrico.

A continuación, se detallan los aspectos clave de esta regulación:

- **Separación de operaciones:** En un mercado liberalizado, es fundamental que la planificación del transporte (transmisión de electricidad) esté separada de otras actividades como la generación y distribución de energía.

Fig. 5. La separación de operaciones evita conflictos de interés y asegura que el acceso a la red de transporte sea justo y no discriminatorio para todos los productores y consumidores de energía

- **Entidad reguladora independiente**: La planificación del transporte requiere la supervisión de una entidad reguladora independiente. Esta autoridad es responsable de establecer y hacer cumplir las normas y regulaciones que rigen el sector, incluyendo las tarifas de transmisión, el acceso a la red y las inversiones en infraestructura.

- **Acceso abierto y no discriminatorio:** Uno de los principios fundamentales de un mercado liberalizado es el acceso abierto y no discriminatorio a la red de transporte. Esto significa que cualquier generador de energía, ya sea una gran planta de energía o un pequeño productor de energía renovable, debe tener igualdad de condiciones para acceder a la red de transmisión.

- **Planificación y desarrollo de la red:** La planificación del transporte debe ser proactiva, anticipando las necesidades futuras del sistema eléctrico. Esto incluye la expansión y modernización de la red de transmisión para acomodar nuevas fuentes de generación, especialmente las renovables, y para mejorar la eficiencia y la fiabilidad del sistema.

- **Incentivos para la inversión:** Es imprescindible establecer un marco regulatorio que incentive adecuadamente la inversión en la red de transporte. Esto puede incluir mecanismos de fijación de tarifas que permitan a las empresas de transmisión recuperar sus costos y obtener un retorno razonable sobre sus inversiones.

- **Integración de energías renovables:** En un contexto de transición energética hacia fuentes más sostenibles, la planificación del transporte debe facilitar la integración de energías renovables. Esto implica asegurar la capacidad de la red para manejar flujos de energía variables y descentralizados.

- **Coordinación internacional:** En el caso de países con conexiones transfronterizas, como España, la planificación del transporte también debe considerar la coordinación con las redes de países vecinos para asegurar una integración eficiente y la seguridad del suministro a nivel regional.

- **Respuesta a la demanda y flexibilidad:** La regulación debe fomentar la adaptación de la red de transporte para responder de manera flexible a las fluctuaciones en la demanda de energía, lo que es cada vez más importante en un contexto de creciente electrificación y digitalización de la economía.

- **Promoción de la innovación y nuevas tecnologías:** Finalmente, la regulación debe fomentar la innovación y la adopción de nuevas tecnologías en el sector del transporte, como las redes inteligentes (*smart grids*), que pueden mejorar la eficiencia, la gestión de la demanda y la integración de energías renovables.

Fig. 6. En un modelo liberalizado, se debe equilibrar la necesidad de mantener un sistema fiable con la promoción de un mercado competitivo y la transición hacia un sistema energético sostenible

5. La planificación de la red de transporte. Esquema regulatorio en España

La planificación de la red de transporte en España se fundamenta en un conjunto de políticas y regulaciones destinadas a garantizar un sistema de transporte eficiente, seguro y sostenible. Este marco regulatorio abarca diversos modos de transporte, incluyendo carreteras, ferrocarriles, transporte aéreo y marítimo.

Históricamente, España ha desarrollado una extensa red de transporte que ha evolucionado para responder a las necesidades económicas y sociales del país. La integración en la Unión Europea ha tenido un impacto significativo, alineando muchas de sus políticas de transporte con las directrices europeas.

El marco legal actual se basa en varias leyes y normativas, incluyendo la Ley de Ordenación de los Transportes Terrestres y el Plan Estratégico de Infraestructuras y Transporte. Estas regulaciones son supervisadas por organismos como el Ministerio de Transportes, Movilidad y Agenda Urbana y la Comisión Nacional de los Mercados y la Competencia.

A continuación, se exponen los objetivos de la planificación:

- **Sostenibilidad:** Promover un transporte más ecológico y reducir la huella de carbono.
- **Cohesión Territorial:** Mejorar la conectividad entre regiones, especialmente en áreas rurales y aisladas.
- **Seguridad:** Aumentar la seguridad en todas las formas de transporte.
- **Eficiencia:** Optimizar la red existente y desarrollar nuevas infraestructuras para mejorar la eficiencia.

En los últimos años, se ha puesto un énfasis especial en la digitalización y la implementación de tecnologías avanzadas como el Internet de las Cosas (IoT) y la Inteligencia Artificial (AI) para mejorar la gestión del tráfico y la seguridad.

Los desafíos actuales incluyen la adaptación a las nuevas demandas de movilidad urbana, la integración de modos de transporte más sostenibles y la necesidad de inversiones significativas para modernizar infraestructuras envejecidas. La planificación futura se orientará hacia una mayor integración con la red de transporte europea y la adopción de innovaciones en movilidad inteligente.

Fig. 7. La planificación de la red de transporte en España, dentro de su esquema regulatorio, juega un papel indispensable en el desarrollo económico y social del país

La adaptación continua a las nuevas tecnologías y tendencias globales, así como el compromiso con la sostenibilidad y la seguridad, serán fundamentales para el éxito futuro del sistema de transporte español.

6. La planificación de la red de transporte. Elaboración de los planes recogidos en el documento de planificación de los sectores de electricidad y gas del ministerio

En España, la planificación de la red de transporte en los sectores de electricidad y gas es un proceso estratégico dirigido por el Ministerio para la Transición Ecológica y el Reto Demográfico. Este proceso es clave para asegurar una distribución eficaz y sostenible de la energía en todo el territorio nacional.

Anotación

La planificación se realiza bajo un marco regulatorio que incluye legislaciones nacionales y directrices de la Unión Europea, con un enfoque especial en la seguridad energética, la sostenibilidad ambiental y la integración de mercados energéticos.

A continuación, se expone el proceso de elaboración de los planes:

- **Evaluación de necesidades:** Determinación de las necesidades actuales y futuras en el transporte de electricidad y gas, considerando la demanda regional y nacional.
- **Desarrollo de infraestructura:** Propuestas para la expansión y modernización de la red, incluyendo la incorporación de nuevas tecnologías y la mejora de la eficiencia.
- **Análisis ambiental:** Evaluación del impacto ambiental de las propuestas, buscando minimizar efectos negativos y promover la sostenibilidad.
- **Consulta pública:** Proceso de participación pública para incluir opiniones de *stakeholders,* incluyendo consumidores, empresas y grupos ambientalistas.

Los componentes clave son los siguientes:

- **Modernización de la infraestructura:** Actualización de la red existente para mejorar la eficiencia y adaptarse a nuevas fuentes de energía.
- **Integración de energías renovables:** Esfuerzos para facilitar la integración de energías renovables en la red nacional.
- **Resiliencia y seguridad:** Fortalecimiento de la red para garantizar su funcionamiento seguro y continuo.
- **Digitalización y tecnología:** Implementación de soluciones tecnológicas avanzadas para una gestión óptima.

Los desafíos incluyen la necesidad de una inversión considerable para modernizar infraestructuras antiguas, gestionar la transición hacia fuentes de energía más limpias y equilibrar el desarrollo con la conservación del medio ambiente.

Fig. 8. La planificación de la red de transporte para los sectores de electricidad y gas en España es un componente clave para la seguridad energética del país y su desarrollo sostenible

Los planes detallados y su adaptación a las necesidades cambiantes y a los objetivos de transición energética son fundamentales para un futuro energético eficiente y sostenible en España.

Resumen

Las infraestructuras eléctricas de alta tensión son cruciales en España, especialmente en el contexto de la transición energética y la modernización de la red eléctrica. La alta tensión, que implica transportar electricidad a más de 36 kV, es esencial para la transmisión eficiente a larga distancia. Este sector ha evolucionado significativamente debido a avances tecnológicos y cambios regulatorios, siendo vital para la seguridad y estabilidad del suministro eléctrico en España. La infraestructura actual refleja la adaptación a las necesidades cambiantes y los desafíos ambientales. La política en este sector requiere una comprensión detallada de los aspectos técnicos, regulatorios y económicos, influenciada por factores como el aumento de la demanda energética, la integración de energías renovables, y la necesidad de una red robusta y resiliente.

La historia de las infraestructuras eléctricas de alta tensión en España abarca desde la electrificación inicial en el siglo XX, enfocada en áreas urbanas e industriales, hasta la era de la posguerra, que trajo un aumento en la demanda energética y la expansión de la red. Las décadas de 1960 y 1970 vieron la integración de diversas fuentes de generación y la expansión de la red. La transición a la democracia en los 80 trajo la liberalización del mercado eléctrico, aumentando la complejidad del sistema. Desde principios del siglo XXI, el enfoque ha estado en integrar energías renovables, adaptando la red a fuentes intermitentes y descentralizadas.

El escenario regulatorio en España ha pasado de ser centralizado y controlado por el Estado a la liberalización del mercado eléctrico en los años 80 y 90. La adhesión a la Comunidad Económica Europea aceleró este proceso, buscando reducir costos y mejorar la eficiencia. El marco regulatorio actual se enfoca en consolidar el mercado liberalizado, promover energías renovables y la sostenibilidad, y responder a los desafíos de la transición energética y la digitalización.

En el modelo liberalizado, la regulación de la planificación del transporte eléctrico es vital para la eficiencia y sostenibilidad del sistema. Esto implica la separación de operaciones, supervisión por una entidad reguladora independiente, acceso abierto y no discriminatorio a la red, planificación proactiva, incentivos para la inversión, integración de energías renovables, coordinación internacional, respuesta flexible a la demanda, y promoción de innovación y nuevas tecnologías.

La planificación de la red de transporte en España se basa en garantizar un sistema eficiente, seguro y sostenible. Se rige por leyes y normativas como la Ley de Ordenación de los Transportes Terrestres y el Plan Estratégico de Infraestructuras y Transporte. Los objetivos incluyen sostenibilidad, cohesión territorial, seguridad y eficiencia, con un enfoque reciente en digitalización y tecnologías avanzadas. Los desafíos actuales abarcan adaptarse a nuevas demandas de movilidad urbana y la necesidad de inversiones para modernizar infraestructuras.

En España, la planificación de la red de transporte de electricidad y gas, dirigida por el Ministerio para la Transición Ecológica y el Reto Demográfico, es clave para una distribución eficaz y sostenible de energía. El proceso incluye la evaluación de necesidades, desarrollo de infraestructura, análisis ambiental y consulta pública. Los componentes clave son la modernización de la infraestructura, integración de energías renovables, resiliencia, seguridad y digitalización.

Glosario

Alta tensión

Se refiere a las líneas eléctricas que transportan electricidad a largas distancias y a altos voltajes, típicamente superiores a 36 kV.

Documento de planificación

Un informe oficial que detalla los planes futuros para el desarrollo de la red eléctrica, incluyendo las proyecciones de demanda y suministro.

Esquema regulatorio

Las leyes, normativas y directrices que gobiernan la operación y desarrollo de la infraestructura eléctrica.

Modelo liberalizado

Un sistema de mercado en el que varias empresas compiten por la generación y venta de electricidad, a diferencia de un monopolio estatal.

Planificación de la red

El proceso de diseñar y desarrollar la infraestructura de la red eléctrica, incluyendo la ubicación y capacidad de las líneas de alta tensión.

Ejercicios de autoevaluación

1. ¿Qué voltaje define la alta tensión en la transmisión de electricidad en España?

   a. Más de 50 kV.

   b. Más de 36 kV.

   c. Más de 25 kV.

2. ¿Qué factor ha influenciado la política de infraestructuras eléctricas de alta tensión en España?

   a. Reducción de la población.

   b. Crecimiento de la demanda energética.

   c. Disminución de la producción industrial.

3. ¿Qué representa la red de alta tensión en el sistema energético español?

   a. Un componente secundario.

   b. Un elemento decorativo.

   c. Un pilar fundamental.

4. ¿Cuándo comenzó la construcción de la infraestructura eléctrica en España?

   a. Finales del siglo XIX.

   b. Principios del siglo XX.

   c. Mediados del siglo XX.

5. ¿Qué período marcó un aumento significativo en la demanda de energía eléctrica en España?

    a. La era de la posguerra.

    b. La década de 1980.

    c. Principios del siglo XXI.

6. ¿Qué marcó la liberalización del mercado eléctrico en España?

    a. Disminución de la producción de energía.

    b. Incremento de la dependencia energética.

    c. Inicio de cambios en la política energética.

7. ¿Cuál era el enfoque inicial del escenario regulatorio español en infraestructuras eléctricas?

    a. Promover energías renovables.

    b. Expansión de la red para satisfacer la demanda.

    c. Reducir la producción energética.

8. En un modelo de mercado liberalizado, ¿qué es fundamental para la planificación del transporte eléctrico?

    a. Separación de operaciones.

    b. Aumentar las tarifas de transmisión.

    c. Centralización de la gestión.

9. ¿Qué garantiza el acceso abierto y no discriminatorio en un mercado liberalizado?

    a. Que solo las grandes plantas de energía tienen acceso a la red.

    b. Igualdad de condiciones para todos los productores de energía.

    c. Que el acceso está limitado a productores seleccionados.

10.¿Qué aspecto es clave en la planificación de la red de transporte en España?

a. Disminución de la conectividad.

b. Sostenibilidad.

c. Aumentar las emisiones de carbono.

U. A. 2. Marco legal

Introducción

El marco legal del sector eléctrico es un conjunto de normativas y leyes que rigen el funcionamiento, regulación, y supervisión de todas las actividades relacionadas con la generación, distribución, y comercialización de la electricidad. Este marco legal es fundamental para garantizar un suministro eléctrico eficiente, seguro y sostenible, protegiendo al mismo tiempo los intereses de consumidores y proveedores.

En esta unidad, exploraremos las leyes clave, principios básicos, y las entidades involucradas en el sector eléctrico, así como el funcionamiento y gestión del sistema eléctrico y su desarrollo normativo.

Objetivos

- Analizar los aspectos fundamentales de la ley que regula el sector eléctrico, incluyendo su estructura, principios básicos, y su aplicación en el diseño y construcción de instalaciones eléctricas.
- Distinguir los diferentes sujetos que operan en el sector eléctrico, comprendiendo sus roles y responsabilidades, así como el régimen económico y las acciones de las distintas administraciones en la gestión y regulación del sistema eléctrico.

1. Introducción

El sector eléctrico, siendo una pieza clave en el desarrollo y bienestar de la sociedad, está regulado por un conjunto de leyes y normativas que aseguran su correcto funcionamiento y sostenibilidad. Estas regulaciones no solo abarcan la generación y distribución de la electricidad, sino también aspectos económicos, técnicos, y de seguridad.

Fig. 1. El sector eléctrico español está en constante evolución, impulsado por innovaciones en energías renovables y un compromiso creciente con la sostenibilidad

La importancia de este marco legal radica en su capacidad para equilibrar los intereses de los consumidores, las empresas proveedoras y el medio ambiente. A través de una legislación clara y eficaz, se busca promover la innovación, la competencia leal y la protección del consumidor, a la vez que se garantiza la seguridad y la sostenibilidad del suministro eléctrico.

2. Ley del sector eléctrico

La Ley 24/2013, de 26 de diciembre, del Sector Eléctrico, constituye el pilar fundamental de la regulación del sector eléctrico en España. Esta ley fue promulgada con el objetivo de adaptar el marco legal a los nuevos desafíos del sector, incluyendo la integración de energías renovables, la garantía de suministro y la eficiencia energética. La Ley 24/2013 establece un conjunto de principios rectores, entre los que destacan la garantía de suministro, la sostenibilidad económica y ambiental, y la eficiencia en la producción, distribución y uso de la electricidad.

Uno de los aspectos más relevantes de esta ley es su enfoque en la liberalización del mercado eléctrico. Se promueve la competencia entre empresas para asegurar que los consumidores puedan beneficiarse de precios justos y servicios de calidad.

Fig. 2. La Ley 24/2013 del Sector Eléctrico es un instrumento vital para la regulación del sector en España

Además, esta ley regula las actividades de los distintos agentes del sector, desde los productores hasta los distribuidores y comercializadores, estableciendo un marco de actuación claro y transparente.

En el contexto de las energías renovables, la Ley 24/2013 tiene un rol fundamental al fomentar la integración de estas fuentes en el sistema eléctrico nacional. Establece mecanismos de apoyo y promoción de las energías limpias, buscando un equilibrio entre el desarrollo sostenible y la seguridad y estabilidad del sistema eléctrico. Además, la ley presta especial atención a la protección de los consumidores, asegurando un acceso equitativo a la red eléctrica y promoviendo la transparencia en la facturación y en la información sobre tarifas y consumo.

La Ley 24/2013 también aborda la regulación del régimen económico del sector, estableciendo las bases para la financiación de las actividades reguladas y los mecanismos de retribución. Se busca garantizar que las inversiones en el sector sean rentables y sostenibles, incentivando de esta manera la innovación y la mejora continua en el sistema eléctrico.

Anotación

La Ley 24/2013 proporciona un marco legal que no solo atiende a las necesidades actuales del mercado, sino que también se anticipa a los retos futuros, asegurando un suministro eléctrico sostenible, eficiente y seguro para todos los ciudadanos.

3. Principios básicos

Los principios básicos que rigen el sector eléctrico son fundamentales para entender cómo se estructura y opera este sector crucial. Estos principios aseguran que el sistema eléctrico funcione de manera eficiente, sostenible y equitativa.

Uno de los principios más importantes es la seguridad y calidad en el suministro de electricidad, lo que implica un compromiso constante con la fiabilidad y la continuidad del servicio eléctrico. Otro principio esencial es la eficiencia económica, que busca optimizar los recursos y las inversiones para conseguir un equilibrio entre costes y beneficios, tanto para los proveedores como para los consumidores.

La sostenibilidad ambiental es también un pilar central, reflejando la creciente preocupación por el impacto ambiental de la generación y consumo de energía. Esto conlleva una fuerte apuesta por las energías renovables y la reducción de emisiones contaminantes.

Fig. 3. La energía solar y eólica lideran la revolución verde en la generación de energía limpia

La transparencia y competencia leal son igualmente indispensables, asegurando que todos los actores del mercado operen en un marco de claridad y justicia, lo que beneficia al consumidor final. Por último, la universalidad y accesibilidad del servicio eléctrico garantizan que todos los ciudadanos tengan acceso a la electricidad, un servicio considerado esencial en la sociedad moderna.

A continuación, se exponen los principios básicos de forma esquematizada:

Principio	Descripción
Seguridad y calidad	Garantizar la fiabilidad y continuidad del suministro eléctrico.
Eficiencia económica	Optimizar recursos e inversiones para equilibrar costes y beneficios.
Sostenibilidad ambiental	Promover el uso de energías renovables y reducir emisiones contaminantes.
Transparencia y competencia leal	Asegurar operaciones claras y justas en el mercado, beneficiando al consumidor.
Universalidad y accesibilidad	Garantizar el acceso a la electricidad para todos los ciudadanos.

4. Sujetos del sector eléctrico

Los sujetos del sector eléctrico se refieren a los diferentes actores involucrados en la generación, transmisión, distribución, comercialización y consumo de energía eléctrica. Estos sujetos desempeñan roles específicos y son esenciales para el funcionamiento eficiente del sistema:

- **Generadores:** Son entidades responsables de producir energía eléctrica. Incluyen tanto a grandes centrales eléctricas como a productores de energías renovables.
- **Transportistas:** Se encargan de la transmisión de electricidad a gran escala a través de la red de alta tensión. Su papel es fundamental para llevar la electricidad desde los puntos de generación hasta los centros de consumo.
- **Distribuidores:** Operan las redes de distribución de baja y media tensión, siendo responsables del transporte final de la electricidad hasta los consumidores finales.

- **Comercializadores:** Estas entidades venden electricidad a los consumidores, ofreciendo diferentes tarifas y condiciones. Son el punto de contacto para los usuarios finales.
- **Consumidores:** Incluyen tanto a hogares como a empresas y organizaciones que utilizan la electricidad para sus actividades diarias. Los consumidores pueden tener un rol activo en el mercado eléctrico, especialmente con el aumento de la generación distribuida y el autoconsumo.
- **Reguladores y administraciones:** Entidades gubernamentales y reguladores independientes supervisan y regulan el sector para asegurar el cumplimiento de las leyes y normativas, protegiendo los intereses de los consumidores y promoviendo la competencia leal.

Fig. 4. Cada uno de los sujetos desempeña un papel vital en el ecosistema eléctrico, y su interacción define la eficiencia y efectividad del sistema eléctrico en su conjunto

Recuerda

La ley del sector eléctrico establece las normas y regulaciones que los sujetos deben seguir, asegurando así el correcto funcionamiento del sector y la satisfacción de las necesidades energéticas del país.

5. Funcionamiento del sistema

El funcionamiento del sistema eléctrico es un proceso complejo y coordinado que involucra múltiples etapas, desde la generación de la electricidad hasta su consumo final.

El sistema comienza con la generación de electricidad, que puede provenir de diversas fuentes como plantas térmicas (carbón, gas natural), nucleares, hidroeléctricas, eólicas, solares, entre otras. La energía generada se transmite a través de una red de alta tensión, donde los transportistas juegan un papel crucial al llevar esta energía desde las plantas generadoras hasta los centros de distribución.

En los centros de distribución, la electricidad se transforma a un voltaje más bajo adecuado para el consumo y se distribuye a través de una red de media y baja tensión hasta llegar a los usuarios finales, como hogares, negocios e industrias.

Importante

Los distribuidores son responsables de la gestión y mantenimiento de esta red, asegurando que la electricidad llegue de manera eficiente y segura a los consumidores.

Fig. 5. El equilibrio constante entre oferta y demanda es el núcleo del eficiente funcionamiento del sistema eléctrico

Además, el sistema eléctrico incluye mecanismos de regulación y control que garantizan la estabilidad y seguridad de la red. Esto implica un balance constante entre la oferta y la demanda de electricidad, evitando sobrecargas o déficits que podrían provocar cortes de suministro.

La operación del sistema requiere una coordinación en tiempo real, incluyendo la respuesta a la variabilidad de la demanda y la integración de fuentes de energía renovables, que pueden ser intermitentes.

6. Acción de las diferentes administraciones

Las diferentes administraciones desempeñan roles fundamentales en la regulación y supervisión del sector eléctrico. Estas incluyen entidades a nivel nacional, regional y local, cada una con responsabilidades específicas.

A nivel nacional, el gobierno establece las políticas energéticas generales, define el marco regulatorio y supervisa su cumplimiento. Esto incluye la formulación de leyes y normativas que regulan la generación, transmisión, distribución y comercialización de electricidad. Además, organismos reguladores independientes, como la Comisión Nacional de los Mercados y la Competencia (CNMC) en España, supervisan y controlan la actividad del mercado eléctrico para garantizar la competencia leal y proteger los derechos de los consumidores.

En el ámbito regional y local, las administraciones pueden tener competencias en aspectos específicos del sector eléctrico, como la gestión de recursos energéticos locales, la promoción de energías renovables, y la regulación de aspectos relacionados con la distribución y el consumo de electricidad en sus territorios.

Fig. 6. Las administraciones pueden participar en la planificación y desarrollo de infraestructuras eléctricas, colaborando con los operadores del sistema y otros agentes del sector

Anotación

La acción conjunta de estas diferentes administraciones asegura un marco regulatorio coherente y efectivo que promueve un suministro eléctrico seguro, eficiente y sostenible, adaptándose a las necesidades y particularidades de cada región y contribuyendo al desarrollo energético del país en su conjunto.

7. Responsables de la gestión del sistema: actividades reguladas

La gestión del sistema eléctrico implica una serie de actividades reguladas que son fundamentales para garantizar un suministro de energía seguro, eficiente y continuo.

Los responsables de estas actividades incluyen diferentes entidades, cada una con roles específicos:

- **Operador del sistema:** Esta entidad es responsable de coordinar y supervisar el funcionamiento del sistema eléctrico en tiempo real. Su función principal es garantizar el equilibrio entre la oferta y la demanda de electricidad, asegurando la estabilidad y seguridad de la red. Además, el operador del sistema gestiona la red de transporte y coordina la integración de las energías renovables.

- **Empresas de transporte:** Son responsables de la transmisión de electricidad a través de la red de alta tensión desde las plantas generadoras hasta los puntos de distribución. Su función incluye el mantenimiento y desarrollo de la infraestructura de transmisión.

- **Empresas de distribución:** Se encargan de llevar la electricidad desde los puntos de distribución hasta los consumidores finales. Las empresas de distribución mantienen y operan la red de baja y media tensión, asegurando su adecuado funcionamiento y seguridad.

- **Comercializadoras:** Son las empresas que venden electricidad a los consumidores. Están reguladas para garantizar la transparencia en las tarifas y proteger los derechos de los consumidores.

- **Reguladores:** Organismos como la Comisión Nacional de los Mercados y la Competencia (CNMC) supervisan y controlan las actividades de los agentes del mercado para garantizar el cumplimiento de la normativa y promover la competencia.

Fig. 7. Los reguladores son los guardianes de la equidad y eficiencia en el mercado energético

8. Régimen económico de las actividades

El régimen económico del sector eléctrico se refiere al conjunto de normativas y condiciones económicas que rigen las actividades de los diferentes agentes del sector. Este régimen busca garantizar la viabilidad financiera del sistema eléctrico, al mismo tiempo que promueve la eficiencia y la competencia.

Entre los aspectos más destacados se encuentran:

- **Tarifas y precios:** Se establecen mecanismos para determinar las tarifas de electricidad, asegurando que sean justas y reflejen los costos reales de las actividades del sector. Esto incluye la generación, el transporte y la distribución de electricidad.

- **Retribución de los servicios:** Los agentes del sistema reciben una retribución por sus servicios, que debe ser suficiente para cubrir los costos y permitir una rentabilidad razonable.

Fig. 8. La regulación busca un equilibrio entre la necesidad de inversiones y la protección de los consumidores

- **Incentivos para la inversión:** Se promueven políticas para incentivar la inversión en infraestructuras, tecnologías más limpias y eficientes, y la integración de energías renovables.

- **Control de costes:** Las autoridades reguladoras supervisan y controlan los costes del sistema para evitar prácticas abusivas y garantizar la eficiencia económica.

- **Subsidios y ayudas:** En algunos casos, se establecen subsidios o ayudas para promover objetivos específicos, como el desarrollo de energías renovables, la eficiencia energética, o el acceso a la electricidad en áreas desfavorecidas.

Anotación

El régimen económico del sector eléctrico es clave para asegurar un sistema energético sostenible y equitativo, que permita el desarrollo del sector de manera eficiente y en beneficio de todos los actores involucrados, desde los generadores hasta los consumidores finales.

9. Desarrollo de la ley de la electricidad

El desarrollo de la Ley de la Electricidad se refiere a la evolución y adaptación de la legislación en respuesta a las necesidades cambiantes del sector eléctrico.

Recuerda

La Ley del Sector Eléctrico (Ley 24/2013, de 26 de diciembre) ha experimentado varias modificaciones y actualizaciones para abordar cuestiones como la integración de energías renovables, la eficiencia energética, la liberalización del mercado y la protección del consumidor.

Uno de los aspectos clave en el desarrollo de esta ley ha sido la incorporación de directrices y regulaciones para fomentar la transición hacia fuentes de energía más limpias. Esto incluye mecanismos de apoyo para la generación de energía a partir de fuentes renovables, como la energía solar y eólica, y la implementación de políticas para desincentivar la generación a partir de fuentes contaminantes.

Fig. 9. La energía eólica transforma la fuerza del viento en electricidad, contribuyendo significativamente a la reducción de emisiones de carbono

Además, se han introducido regulaciones para mejorar la eficiencia energética en todas las fases del sistema eléctrico, desde la generación hasta el consumo. Esto incluye la promoción de tecnologías de generación más eficientes y la implementación de medidas para reducir el consumo de energía en edificios e industrias.

El desarrollo normativo también ha abordado la liberalización del mercado eléctrico, buscando aumentar la competencia y mejorar las condiciones para los consumidores. Esto se ha traducido en una mayor variedad de ofertas y tarifas, permitiendo a los consumidores elegir entre diferentes proveedores y planes de energía.

10. Diseño y construcción de instalaciones idea general de la normativa a aplicar

La normativa aplicable al diseño y construcción de instalaciones eléctricas tiene como objetivo garantizar la seguridad, eficiencia y compatibilidad con el entorno y la red eléctrica. Esta normativa se basa en varios estándares y regulaciones técnicas, incluyendo códigos de construcción, normas de seguridad y regulaciones medioambientales.

Uno de los aspectos fundamentales es el cumplimiento de las normas técnicas de seguridad, que abarcan desde el diseño hasta la instalación y el mantenimiento de los equipos y sistemas eléctricos. Estas normas aseguran que las instalaciones sean seguras para los operarios, usuarios y el público en general, minimizando el riesgo de accidentes como cortocircuitos o incendios.

En cuanto al diseño, la normativa establece criterios para la selección de materiales, la capacidad de carga, la eficiencia energética y la integración con fuentes de energía renovables. También se contemplan regulaciones específicas para la conexión de las instalaciones a la red eléctrica, asegurando su compatibilidad y la calidad del suministro.

Además, las instalaciones eléctricas deben cumplir con regulaciones medioambientales, especialmente en lo que respecta a la minimización del impacto ambiental y la promoción de prácticas sostenibles. Esto incluye la consideración del impacto paisajístico, la protección de la biodiversidad y el uso eficiente de recursos.

Importante

La normativa también establece la necesidad de revisiones y certificaciones periódicas por parte de autoridades competentes o entidades certificadoras, para garantizar el cumplimiento continuo de las normas y regulaciones establecidas.

Fig. 10. La normativa aplicable al diseño y construcción de instalaciones eléctricas es amplia y detallada, abarcando aspectos técnicos, de seguridad, medioambientales y de eficiencia energética

Resumen

El sector eléctrico, esencial para el desarrollo social, está rigurosamente regulado para asegurar su eficiencia y sostenibilidad. La Ley 24/2013 es el pilar de esta regulación en España, enfocada en desafíos actuales como la integración de energías renovables y la eficiencia energética. Esta ley subraya principios clave como la garantía de suministro, sostenibilidad económica y ambiental, y la eficiencia en la generación, distribución y consumo eléctrico. Además, impulsa la liberalización del mercado para fomentar la competencia y proteger al consumidor.

Los principios que rigen el sector eléctrico incluyen la seguridad y calidad del suministro, eficiencia económica, sostenibilidad ambiental, transparencia y competencia leal, y la accesibilidad universal. Los sujetos clave en este sector comprenden generadores, transportistas, distribuidores, comercializadores, consumidores y reguladores, cada uno desempeñando un rol vital en el ecosistema eléctrico.

El sistema eléctrico opera mediante un proceso complejo que abarca la generación, transmisión, distribución y consumo de electricidad, manteniendo un equilibrio entre oferta y demanda. Las administraciones a nivel nacional, regional y local son esenciales en la regulación y supervisión del sector, estableciendo políticas energéticas y supervisando su cumplimiento.

La gestión del sistema eléctrico implica actividades reguladas por entidades específicas, cada una asegurando un suministro eléctrico seguro y eficiente. El régimen económico del sector busca garantizar la viabilidad financiera, promoviendo la eficiencia y la competencia, a través de regulaciones sobre tarifas, precios, retribución de servicios e incentivos para la inversión.

La Ley 24/2013 ha sido actualizada para abordar la transición hacia energías más limpias y mejorar la eficiencia energética, así como la liberalización del mercado y la protección del consumidor. La normativa en el diseño y construcción de instalaciones eléctricas garantiza la seguridad, eficiencia y compatibilidad ambiental, incluyendo normas de seguridad, criterios de diseño y regulaciones medioambientales.

Glosario

Gestión del sistema eléctrico

Procesos y actividades relacionados con la planificación, operación, y control del sistema eléctrico.

Regulación del sector eléctrico

Conjunto de normas y leyes que establecen los criterios y procedimientos para la operación y supervisión del sector eléctrico.

Régimen económico del sector eléctrico

Marco que define las condiciones económicas y financieras bajo las cuales operan las entidades del sector eléctrico.

Sector eléctrico

Conjunto de entidades, infraestructuras, y servicios relacionados con la producción, distribución y comercialización de electricidad.

Sujetos del sector eléctrico

Entidades y actores involucrados en la generación, transmisión, distribución, y comercialización de electricidad.

Ejercicios de autoevaluación

1. **¿Cuál es el objetivo principal de la Ley 24/2013 del Sector Eléctrico en España?**

    a. Fomentar exclusivamente el uso de energías no renovables.

    b. Regular el sector eléctrico adaptándose a nuevos desafíos como la integración de energías renovables.

    c. Eliminar toda regulación en el mercado eléctrico.

2. **¿Qué aspecto importante aborda la Ley 24/2013 del Sector Eléctrico?**

    a. Prohibir totalmente la generación de energía eléctrica.

    b. Centralizar la producción de electricidad.

    c. Promover la competencia en el mercado eléctrico.

3. **¿Cuál es uno de los principios básicos que rigen el sector eléctrico?**

    a. Garantizar la fiabilidad y continuidad del suministro eléctrico.

    b. Priorizar la energía nuclear sobre cualquier otra fuente.

    c. Fomentar el monopolio en la distribución eléctrica.

4. **¿Qué papel desempeñan los transportistas en el sector eléctrico?**

    a. Únicamente financiar proyectos de energía renovable.

    b. Transmitir electricidad a gran escala a través de la red de alta tensión.

    c. Producir energía eléctrica en plantas térmicas.

5. ¿Cuál es una responsabilidad clave de los distribuidores en el sistema eléctrico?

    a. Vender directamente electricidad a los consumidores.

    b. Generar electricidad a partir de fuentes renovables.

    c. Operar las redes de distribución de baja y media tensión.

6. ¿Qué asegura el equilibrio constante entre oferta y demanda en el sistema eléctrico?

    a. La total independencia de las redes eléctricas internacionales.

    b. La eliminación de todas las fuentes de energía renovable.

    c. La estabilidad y seguridad de la red eléctrica.

7. ¿Cuál es el papel de los reguladores en el sector eléctrico?

    a. Producir directamente electricidad.

    b. Supervisar y regular el sector para proteger los intereses de los consumidores.

    c. Comercializar exclusivamente energías renovables.

8. ¿Qué objetivo tiene el régimen económico del sector eléctrico?

    a. Reducir la inversión en infraestructuras eléctricas.

    b. Garantizar la viabilidad financiera y promover la eficiencia y competencia.

    c. Incrementar los precios de la electricidad sin control.

9. ¿Qué representa la evolución de la Ley de la Electricidad?

    a. Una disminución de la importancia de las energías renovables.

    b. La adaptación a las necesidades cambiantes del sector eléctrico.

    c. La centralización del control del sector eléctrico.

10.¿Qué asegura la normativa aplicable al diseño y construcción de instalaciones eléctricas?

a. La seguridad, eficiencia y compatibilidad con el entorno y la red eléctrica.

b. La exclusión total de las energías renovables.

c. La monopolización del diseño por una sola empresa.

U. A. 3. Normativa medioambiental

Introducción

La normativa medioambiental para infraestructuras de alta tensión abarca un conjunto de leyes, regulaciones y directrices diseñadas para minimizar el impacto ambiental durante la planificación, construcción y operación de estas infraestructuras. Estas normas son fundamentales para garantizar un equilibrio entre el desarrollo tecnológico y la protección del medio ambiente.

Objetivos

- Reconocer la relevancia de las regulaciones medioambientales en el desarrollo y mantenimiento de infraestructuras de alta tensión.
- Familiarizarse con las leyes y directrices clave que rigen la construcción y operación de infraestructuras de alta tensión en el contexto medioambiental.

1. Introducción

En España, la normativa medioambiental aplicada a las infraestructuras de alta tensión se establece con el fin de proteger el medio ambiente y asegurar un desarrollo sostenible en el sector energético. Estas regulaciones no solo buscan minimizar el impacto ambiental durante la construcción y operación de estas infraestructuras, sino también garantizar la seguridad y la eficiencia energética.

Fig. 1. La normativa medioambiental en España se enfoca en promover la sostenibilidad y proteger la riqueza natural del país

La legislación española en esta materia se alinea con los estándares y directivas de la Unión Europea, enfocándose en la evaluación de impacto ambiental, la planificación sostenible y la prevención de riesgos.

Recuerda

El compromiso con el medio ambiente es una parte integral del proceso de desarrollo de la infraestructura de alta tensión, desde la fase inicial de planificación hasta su desmantelamiento.

2. Proyectos

La fase de proyectos en la normativa medioambiental de infraestructuras de alta tensión en España implica una planificación detallada y el cumplimiento de varias etapas y requisitos legales.

Antes de iniciar cualquier proyecto, es obligatorio realizar un Estudio de Impacto Ambiental (EIA), que evalúa los posibles efectos negativos en el medio ambiente y propone medidas de mitigación.

Fig. 2. Los proyectos deben garantizar la protección de la biodiversidad, evitando, por ejemplo, la construcción en áreas protegidas o de alto valor ecológico

Este estudio debe ser aprobado por las autoridades medioambientales competentes. Además, se deben considerar las normativas locales y regionales que pueden afectar la ubicación y diseño de las infraestructuras.

La participación pública es otro aspecto fundamental, permitiendo que los ciudadanos y grupos de interés se involucren en el proceso de toma de decisiones.

En la fase de proyectos de infraestructuras de alta tensión, es esencial la consideración de las rutas y ubicaciones para las líneas de transmisión. Se debe realizar un análisis detallado para evitar, en la medida de lo posible, áreas de alto valor ecológico, zonas residenciales y lugares de importancia cultural o histórica. Este análisis incluye la evaluación de alternativas que podrían tener un menor impacto ambiental.

Fig. 3. Los sistemas de gestión de residuos en el sitio de construcción aseguran un reciclaje eficiente y la disposición adecuada de los materiales

Otro factor importante es la integración de tecnologías y prácticas innovadoras para reducir el impacto ambiental. Por ejemplo, el uso de torres de transmisión más compactas o el diseño de líneas subterráneas en áreas sensibles puede ser considerado.

Además, la fase de proyectos también debe tener en cuenta el cambio climático, evaluando cómo las variaciones en el clima pueden afectar a la infraestructura y adaptando los diseños para hacerlos más resilientes.

Imaginemos un proyecto para instalar una nueva línea de alta tensión en Andalucía, una región con áreas tanto urbanas como rurales y de importancia ecológica.

En la fase de proyectos, se realiza un Estudio de Impacto Ambiental que identifica una ruta alternativa para la línea de transmisión. Esta ruta alternativa evita cruzar un parque natural protegido, minimizando el impacto sobre la biodiversidad local.

Además, se opta por utilizar torres de transmisión de diseño compacto y visualmente menos intrusivo, reduciendo el impacto visual en el paisaje natural y cultural de la región.

El proyecto también incluye sesiones de consulta pública donde los residentes locales y grupos ecologistas pueden expresar sus preocupaciones y sugerencias, que son incorporadas en el diseño final del proyecto.

3. Construcción

Durante la fase de construcción de infraestructuras de alta tensión en España, se deben seguir estrictas normativas medioambientales para minimizar el impacto en el entorno. Esto incluye el control de emisiones, la gestión de residuos y la prevención de la contaminación del suelo y del agua.

Las prácticas de construcción deben adaptarse para proteger la flora y fauna local, y se deben tomar medidas especiales en zonas sensibles, como las cercanas a cuerpos de agua o hábitats naturales. La normativa también exige la monitorización constante del impacto ambiental durante la construcción, con la posibilidad de realizar ajustes en los métodos y prácticas para reducir al mínimo los daños al entorno.

Fig. 4. Si se detecta un impacto negativo inesperado en un área, se pueden modificar los métodos de trabajo o detener temporalmente la construcción en esa zona

Una vez finalizada la construcción, se debe llevar a cabo una evaluación ambiental post-construcción para asegurar que se han cumplido todos los requisitos y mitigado los impactos previstos en la fase de planificación.

Durante la construcción, además de los aspectos mencionados anteriormente, es vital implementar prácticas de trabajo que minimicen la perturbación del entorno natural. Esto puede incluir la limitación de las actividades de construcción a ciertas épocas del año para proteger la fauna local, especialmente en zonas donde existan especies en peligro de extinción o migratorias.

La gestión de recursos en el sitio de construcción también es fundamental. Esto implica el uso eficiente de recursos como agua y energía, así como la implementación de sistemas para el reciclaje y la disposición adecuada de materiales. Además, es importante asegurar que el personal involucrado en la construcción esté debidamente capacitado en prácticas medioambientales y que existan protocolos para responder a emergencias o accidentes que puedan tener un impacto ambiental.

La normativa también puede requerir que, una vez completada la construcción, se realicen acciones de restauración del paisaje. Esto puede incluir la replantación de vegetación nativa, la restauración de hábitats para la fauna y la rehabilitación de vías de agua si han sido afectadas durante el proceso de construcción.

Ejemplo

En este ejemplo, imagina que se está construyendo una infraestructura de alta tensión cerca del Delta del Ebro, un área con una rica biodiversidad y un ecosistema delicado.

Durante la construcción, se toman medidas especiales para proteger las especies de aves acuáticas de la zona. Esto incluye restringir la construcción a períodos fuera de la temporada de cría y migración de estas aves. Se utilizan maquinarias y técnicas de construcción que reducen la contaminación acústica y la perturbación del suelo.

Además, se implementa un plan de gestión de residuos en el sitio para asegurar que todos los materiales sean reciclados o desechados adecuadamente, evitando la contaminación del hábitat acuático.

Al finalizar la construcción, se llevan a cabo proyectos de reforestación y rehabilitación de los humedales afectados, restaurando el área a su estado natural tanto como sea posible.

Resumen

En España, la normativa medioambiental en infraestructuras de alta tensión se centra en proteger el medio ambiente y promover un desarrollo sostenible en el sector energético. Estas regulaciones buscan minimizar el impacto ambiental durante la construcción y operación de estas infraestructuras, asegurando también la seguridad y eficiencia energética. La legislación española se alinea con los estándares de la Unión Europea, con énfasis en la evaluación de impacto ambiental y la prevención de riesgos. Este compromiso medioambiental es esencial desde la planificación hasta el desmantelamiento de las infraestructuras.

En la fase de proyectos, se requiere una planificación detallada y el cumplimiento de etapas y requisitos legales. Es obligatorio realizar un Estudio de Impacto Ambiental (EIA) antes de iniciar cualquier proyecto, el cual debe ser aprobado por autoridades medioambientales. Los proyectos deben evitar áreas protegidas o de alto valor ecológico y fomentar la participación pública. Se considera la ubicación y diseño de las líneas de transmisión para minimizar el impacto ambiental, incluyendo la evaluación de alternativas y la integración de tecnologías innovadoras como torres de transmisión compactas o líneas subterráneas en zonas sensibles. También se presta atención al cambio climático, adaptando los diseños para mayor resiliencia.

Durante la construcción, se siguen normativas medioambientales estrictas, incluyendo control de emisiones, gestión de residuos y prevención de contaminación. Las prácticas de construcción se adaptan para proteger la flora y fauna local, tomando medidas especiales en zonas sensibles. Se realiza una monitorización constante del impacto ambiental, con posibilidad de ajustar métodos y prácticas para minimizar daños.

En caso de impacto negativo, se pueden modificar o detener temporalmente las actividades. Post-construcción, se realiza una evaluación ambiental para confirmar que se han cumplido los requisitos y mitigado los impactos. Las prácticas de construcción buscan minimizar la perturbación del entorno natural, incluyendo la limitación de actividades en ciertas épocas del año y la gestión eficiente de recursos. Se requiere capacitación en prácticas medioambientales para el personal y protocolos para emergencias. Tras la construcción, se realizan acciones de restauración del paisaje, como replantación de vegetación nativa y rehabilitación de hábitats y vías de agua afectadas.

Glosario

Estudio de Impacto Ambiental (EIA)

Documento técnico que evalúa las posibles consecuencias ambientales de un proyecto antes de su aprobación.

Impacto ambiental

Efectos que las actividades de construcción y operación de infraestructuras de alta tensión tienen en el medio ambiente.

Regulaciones de emisión

Normas que limitan la cantidad de contaminantes que pueden ser emitidos por estas infraestructuras.

Sostenibilidad

Principio de desarrollar y operar infraestructuras de alta tensión de manera que se minimice el daño al medio ambiente y se promueva un desarrollo sostenible.

Zonificación ambiental

Proceso de designar áreas específicas para diferentes tipos de uso o restricciones basadas en consideraciones ambientales.

Ejercicios de autoevaluación

1. ¿Cuál es el principal objetivo de la normativa medioambiental en infraestructuras de alta tensión en España?

    a. Promover exclusivamente la seguridad energética.

    b. Proteger el medio ambiente y asegurar un desarrollo sostenible.

    c. Fomentar únicamente la eficiencia energética.

2. ¿Con qué se alinea la legislación española en materia de infraestructuras de alta tensión?

    a. Con las políticas independientes de cada comunidad autónoma.

    b. Con las directivas exclusivamente nacionales.

    c. Con los estándares y directivas de la Unión Europea.

3. ¿Qué se debe realizar obligatoriamente antes de iniciar un proyecto de infraestructura de alta tensión?

    a. Un Estudio de Impacto Ambiental (EIA).

    b. Un análisis de costes y beneficios.

    c. Una encuesta pública.

4. ¿Qué deben garantizar los proyectos de infraestructuras de alta tensión?

    a. La máxima rentabilidad económica.

    b. El uso exclusivo de tecnología nacional.

    c. La protección de la biodiversidad.

5. ¿Qué consideración es esencial en la fase de proyectos de infraestructuras de alta tensión?

    a. La elección de materiales de bajo coste.

    b. La consideración de rutas y ubicaciones para las líneas de transmisión.

    c. La prioridad absoluta a la eficiencia energética.

6. ¿Qué aspecto innovador puede considerarse en la fase de proyectos?

    a. El uso exclusivo de energías renovables.

    b. El uso de torres de transmisión más compactas o líneas subterráneas en áreas sensibles.

    c. La automatización completa del proceso de construcción.

7. ¿Qué se debe hacer durante la fase de construcción para minimizar el impacto en el entorno?

    a. Controlar las emisiones y gestionar los residuos.

    b. Aumentar la velocidad de construcción.

    c. Centrarse únicamente en la eficiencia del trabajo.

8. ¿Qué se debe adaptar durante la construcción para proteger la flora y fauna local?

    a. Las prácticas de construcción.

    b. Los horarios de trabajo.

    c. El plan de marketing del proyecto.

9. ¿Qué se exige en cuanto a la monitorización del impacto ambiental durante la construcción?

    a. Una revisión anual.

    b. Monitorización constante con posibilidad de ajustes.

    c. Solo una evaluación inicial y final.

10. ¿Qué se debe hacer si se detecta un impacto negativo inesperado en un área de construcción?

a. Ignorarlo si es menor.

b. Modificar los métodos de trabajo o detener temporalmente la construcción.

c. Continuar con la construcción, pero a un ritmo más lento.

U. A. 4. Parámetros de diseño en instalaciones de alta tensión

Introducción

Esta unidad de aprendizaje se enfoca en los aspectos fundamentales y las consideraciones técnicas necesarias para el diseño y operación eficiente de sistemas eléctricos de alta tensión.

La unidad proporciona una visión integral de los parámetros críticos, incluyendo la revisión de procedimientos de operación, la frecuencia, la tensión, la carga de líneas y transformadores, las corrientes de cortocircuito y la estabilidad del sistema. Estos elementos son esenciales para garantizar la seguridad, confiabilidad y eficiencia en la transmisión y distribución de energía eléctrica.

Objetivos

- Comprender los conceptos fundamentales y la importancia de cada parámetro de diseño en las instalaciones de alta tensión, incluyendo su impacto en la operación y seguridad del sistema eléctrico.
- Desarrollar habilidades para analizar y aplicar estos parámetros en el diseño y evaluación de sistemas de alta tensión, asegurando su optimización y conformidad con las normativas vigentes.

1. Introducción

En el ámbito de las instalaciones de alta tensión en España, es crucial comprender las directrices y normativas que rigen el diseño y operación de estos sistemas. Estas normativas son establecidas principalmente por organismos nacionales e internacionales con el fin de garantizar la seguridad, eficiencia y fiabilidad de las instalaciones eléctricas.

Recuerda

En España, el marco normativo incluye, pero no se limita a, el Reglamento Electrotécnico para Baja Tensión (REBT) y sus instrucciones técnicas complementarias, aunque se enfoca más en baja tensión, establece fundamentos aplicables a toda instalación eléctrica.

Fig. 1. Para alta tensión, se aplican normas específicas que abordan desde el diseño hasta la operación y mantenimiento de las instalaciones

La alta tensión, definida como aquella superior a los 1.000 V en corriente alterna o 1.500 V en corriente continua, requiere un enfoque especializado debido a sus características únicas y los riesgos asociados. Los aspectos como la elección de equipos, cálculo de la capacidad, gestión de cargas, protecciones contra sobreintensidades y cortocircuitos, y la estabilidad del sistema son de suma importancia.

2. Revisión de los procedimientos de operación

Los procedimientos de operación en instalaciones de alta tensión en España están rigurosamente delineados para asegurar la máxima seguridad y eficiencia.

Estos procedimientos incluyen:

- **Mantenimiento y revisiones periódicas:** Según la normativa vigente, las instalaciones de alta tensión deben someterse a inspecciones y mantenimientos regulares. Esto incluye revisiones de equipos como transformadores, interruptores, y líneas de transmisión, así como pruebas de protecciones y sistemas de control y emergencia.

- **Operación segura:** Las operaciones diarias deben incluir la capacitación adecuada del personal, el uso de equipo de protección personal y la implementación de procedimientos de trabajo seguro, especialmente en situaciones de riesgo como trabajos en altura o en proximidad a líneas energizadas.

Fig. 2. Las operaciones diarias deben cumplir con los estándares de seguridad establecidos

- **Gestión de emergencias:** En caso de fallos o incidentes, los procedimientos deben incluir planes de emergencia y recuperación, así como mecanismos de coordinación con autoridades y servicios de emergencia.

- **Registro y documentación:** Mantener un registro detallado de todas las operaciones, inspecciones, incidentes y acciones correctivas es fundamental para garantizar un seguimiento adecuado y cumplir con las regulaciones.

Un ejemplo práctico de revisión de los procedimientos de operación en instalaciones de alta tensión en España podría ser el siguiente:

- **Planificación y preparación del mantenimiento:** El objetivo es realizar mantenimiento preventivo en la subestación X, específicamente en los transformadores y equipos de protección.

  Proceso:
    1. Revisión de los manuales técnicos y normativas vigentes para asegurar el cumplimiento de los estándares.
    2. Programación del mantenimiento durante horas de baja demanda para minimizar el impacto en la red.
    3. Coordinación con el centro de control para informar sobre la operación y obtener los permisos necesarios.

- **Implementación de medidas de seguridad:**

  Proceso:
    1. Desconexión y aseguramiento de las fuentes de energía para evitar accidentes.
    2. Uso de señalización y barreras para delimitar el área de trabajo.
    3. Verificación del uso de equipo de protección personal por parte de todo el personal involucrado (casco, guantes dieléctricos, ropa antiarco, etc.).

- **Ejecución del mantenimiento:**

  Proceso:
    1. Inspección visual de los transformadores y equipos de protección para detectar anomalías.
    2. Realización de pruebas eléctricas (medición de resistencia de aislamiento, comprobación de la respuesta del relé de protección, etc.).
    3. Limpieza y ajuste de componentes, reemplazo de partes desgastadas.

- **Documentación y reporte:**

Proceso:

1. Elaboración de un informe detallado de las actividades realizadas, incluyendo cualquier anomalía encontrada y las acciones correctivas tomadas.
2. Registro de los resultados de las pruebas y de cualquier repuesto utilizado.
3. Comunicación con el centro de control para la reincorporación de la subestación a la red, siguiendo los procedimientos estándar.

- **Evaluación post-mantenimiento:**

Proceso:

1. Análisis de los datos y resultados del mantenimiento para evaluar su efectividad.
2. Reunión de seguimiento con el equipo para discutir posibles mejoras en los procedimientos de operación y mantenimiento.
3. Actualización del plan de mantenimiento preventivo basado en los hallazgos y recomendaciones.

3. Frecuencia

La frecuencia en instalaciones de alta tensión es un parámetro clave que determina la estabilidad y eficiencia de la transmisión de energía eléctrica. En España, como en la mayoría de Europa, la frecuencia estándar de la red eléctrica es de 50 Hz. Esta constancia en la frecuencia es esencial para el funcionamiento adecuado y seguro de los equipos eléctricos y electrónicos conectados a la red.

Fig. 3. La gestión de la frecuencia implica un equilibrio preciso entre la generación y el consumo de energía eléctrica

Importante

Las fluctuaciones significativas en la frecuencia pueden indicar desequilibrios en la red, como un exceso de demanda o una insuficiencia en la generación.

Para mantener la frecuencia dentro de los límites aceptables, los operadores de red implementan diversas estrategias. Estas incluyen el ajuste de la generación de las centrales eléctricas, el uso de sistemas de almacenamiento de energía, y en casos extremos, la desconexión controlada de ciertas cargas (gestión de la demanda).

En el contexto del diseño y operación de instalaciones de alta tensión, es importante considerar cómo los cambios en la frecuencia pueden afectar la operación de los transformadores, los motores y otros equipos. Por ejemplo, una frecuencia más baja de lo normal puede causar un sobrecalentamiento en los motores eléctricos, mientras que una frecuencia más alta puede llevar a un aumento en las pérdidas de hierro en los transformadores.

4. Tensión

La tensión, o voltaje, es otro parámetro fundamental en el diseño de instalaciones de alta tensión. En el contexto de la red eléctrica española, las instalaciones de alta tensión operan generalmente en rangos de voltaje de 30 kV a 400 kV. Este alto voltaje permite la transmisión eficiente de energía eléctrica a largas distancias, minimizando las pérdidas por efecto Joule, que son proporcionales al cuadrado de la corriente.

El diseño adecuado de las instalaciones teniendo en cuenta la tensión involucra varios aspectos. Primero, la selección y dimensionamiento de los equipos, como cables, transformadores, y sistemas de aislamiento, deben ser acordes al nivel de tensión manejado. Por ejemplo, a mayor tensión, se requiere un aislamiento más robusto para prevenir descargas eléctricas o arcos voltaicos.

Además, la gestión de la tensión es vital para la estabilidad de la red. Variaciones significativas en la tensión pueden llevar a problemas como la disminución de la eficiencia de los equipos o incluso daños físicos en los mismos. Los operadores de red utilizan diversos métodos para controlar y regular la tensión, incluyendo el ajuste de la generación de energía, la utilización de bancos de condensadores y reactores, y la operación de transformadores con cambiadores de tomas bajo carga.

Fig. 4. Tanto la frecuencia como la tensión son parámetros esenciales en el diseño y operación de instalaciones de alta tensión

5. Carga de líneas

La carga de líneas en instalaciones de alta tensión es un factor crítico en el diseño y operación de redes eléctricas. Se refiere a la cantidad de corriente eléctrica que fluye a través de las líneas de transmisión y su impacto tanto en la capacidad como en la eficiencia del sistema. Una gestión adecuada de la carga de líneas es esencial para garantizar una transmisión de energía segura y eficiente, evitando sobrecargas que puedan causar fallos o interrupciones del servicio.

En el diseño de líneas de alta tensión, se deben considerar varios aspectos relacionados con su carga. Primero, la capacidad máxima de las líneas debe ser suficiente para manejar las demandas pico, pero también eficiente para las cargas normales de operación. Esto implica un equilibrio entre la inversión en infraestructura y la optimización del rendimiento. Los cálculos de capacidad deben tener en cuenta no solo las demandas actuales, sino también las proyecciones futuras de crecimiento de la demanda eléctrica.

Otro aspecto importante es la pérdida de energía a lo largo de las líneas de transmisión, que aumenta con la carga y la distancia. Estas pérdidas, conocidas como pérdidas por efecto Joule, representan una disminución en la eficiencia del sistema y, por lo tanto, un mayor costo operativo. El diseño de las líneas debe buscar minimizar estas pérdidas, seleccionando el tipo adecuado y el calibre del conductor, así como optimizando la configuración de la red.

La monitorización continua de la carga de las líneas es también un componente esencial en la gestión de las redes de alta tensión. Los sistemas modernos de medición y control permiten a los operadores de red observar en tiempo real las condiciones de carga y responder rápidamente a cualquier situación que pudiera comprometer la seguridad o eficiencia de la red, como una sobrecarga inminente o una distribución desequilibrada de la carga.

Por último, la carga de las líneas también influye en la planificación del mantenimiento y las actualizaciones de la red. Un conocimiento detallado de los patrones de carga ayuda a planificar eficazmente las intervenciones de mantenimiento, minimizando las interrupciones del servicio y extendiendo la vida útil de la infraestructura.

Fig. 5. La carga de líneas requiere un enfoque cuidadoso en su diseño, monitoreo y mantenimiento para garantizar una transmisión de energía eficiente y confiable

6. Carga de transformadores

La carga de transformadores es un aspecto crítico en el diseño y operación de instalaciones de alta tensión. Los transformadores son dispositivos clave en la red eléctrica, responsables de modificar los niveles de tensión para la transmisión eficiente de la electricidad y su posterior distribución a niveles más bajos para el consumo.

La correcta gestión de su carga implica no sobrepasar su capacidad nominal, lo cual puede conducir a pérdidas excesivas, sobrecalentamiento y, en casos extremos, a la falla del equipo.

Fig. 6. Una carga adecuada del transformador asegura una larga vida útil y una operación eficiente

Anotación

Se debe tener en cuenta la carga máxima esperada y las condiciones de operación normales, así como situaciones de demanda pico.

Los transformadores deben ser seleccionados y dimensionados basándose en estudios de carga detallados que consideren las variaciones estacionales y diarias, así como el crecimiento esperado de la demanda en el área servida.

El monitoreo continuo de la carga del transformador es vital para detectar posibles problemas y realizar ajustes operativos. La implementación de tecnologías de medición avanzada permite una gestión más precisa y proactiva de la carga de los transformadores, optimizando su rendimiento y evitando sobrecargas.

7. Corrientes de cortocircuito

Las corrientes de cortocircuito representan una de las situaciones más peligrosas en las instalaciones de alta tensión. Se producen cuando hay una conexión accidental de baja impedancia entre dos puntos de diferente potencial eléctrico, lo que permite el flujo de una corriente eléctrica extremadamente alta. Estas corrientes pueden causar daños significativos a los equipos, interrupciones en el servicio y riesgos graves de seguridad.

Fig. 7. Los incendios, explosiones y daños catastróficos a los equipos son riesgos graves de seguridad

El diseño de sistemas de alta tensión debe incluir medidas para limitar las corrientes de cortocircuito y proteger la red y los equipos. Esto se logra mediante la correcta selección y configuración de dispositivos de protección, como fusibles, interruptores automáticos y relés de protección, diseñados para desconectar rápidamente la parte afectada de la red en caso de un cortocircuito.

Además, es fundamental realizar cálculos precisos de las corrientes de cortocircuito potenciales en diferentes puntos de la red para garantizar que los equipos puedan soportar y contener estas condiciones extremas sin sufrir daños.

8. Estabilidad

La estabilidad en las instalaciones de alta tensión se refiere a la capacidad del sistema eléctrico para mantener un estado de equilibrio constante o recuperarse a un estado de equilibrio después de una perturbación.

Fig. 8. La estabilidad es fundamental para garantizar la continuidad y calidad del suministro eléctrico

En sistemas de alta tensión, la estabilidad se ve afectada por varios factores, como la carga del sistema, la configuración de la red, las características de los equipos de generación y las condiciones operativas.

Anotación

Los desafíos para la estabilidad incluyen mantener la sincronización entre las diferentes partes del sistema, gestionar las fluctuaciones de carga y responder a fallas o cambios repentinos en la red.

Para asegurar la estabilidad, se implementan sistemas de control y protección que monitorean continuamente el estado del sistema eléctrico y realizan ajustes automáticos en respuesta a cambios o perturbaciones. Esto puede incluir el ajuste de la generación de energía, la redistribución de cargas o la desconexión selectiva de partes de la red para evitar una cascada de fallas.

La estabilidad también se ve reforzada mediante el diseño de la red, que debe incluir rutas redundantes para la energía y capacidad suficiente para manejar diferentes escenarios operativos. La planificación y simulación detallada son herramientas clave para anticipar y mitigar problemas de estabilidad en el diseño de instalaciones de alta tensión.

Resumen

En España, el diseño y la operación de instalaciones de alta tensión están rigurosamente regulados por normativas como el Reglamento Electrotécnico para Baja Tensión (REBT), aunque con enfoque en la alta tensión. Estas normativas aseguran la seguridad, eficiencia y fiabilidad de las instalaciones eléctricas. La alta tensión, definida como superior a 1.000 V en corriente alterna o 1.500 V en corriente continua, requiere consideraciones especiales debido a sus riesgos y características únicas.

Los procedimientos de operación de estas instalaciones incluyen mantenimiento periódico, operación segura, gestión de emergencias y documentación rigurosa para cumplir con estándares de seguridad y eficiencia. La frecuencia de la red eléctrica en España, establecida en 50 Hz, es un parámetro indispensable para la estabilidad y eficiencia de la transmisión de energía eléctrica, donde las fluctuaciones pueden indicar desequilibrios significativos. Para mantener la frecuencia dentro de límites aceptables, se implementan estrategias como el ajuste de generación de energía y sistemas de almacenamiento de energía.

En cuanto a la tensión, las instalaciones operan generalmente entre 30 kV y 400 kV, facilitando la transmisión eficiente de energía a largas distancias. El diseño adecuado de estas instalaciones implica la selección y dimensionamiento correcto de equipos y la gestión efectiva de la tensión para mantener la estabilidad de la red. Asimismo, la carga de líneas y transformadores es un aspecto crítico. Una gestión adecuada de la carga de líneas asegura una transmisión segura y eficiente, mientras que la correcta carga de transformadores previene sobrecalentamientos y fallas.

Las corrientes de cortocircuito representan un riesgo significativo en estas instalaciones, requiriendo diseño y dispositivos de protección adecuados para limitar sus efectos dañinos. Finalmente, la estabilidad del sistema eléctrico es esencial para un suministro continuo y de calidad, logrado mediante un diseño de red cuidadoso, sistemas de control y protección efectivos, y una planificación detallada para anticipar y mitigar problemas.

Glosario

Carga de líneas

Representa la cantidad de corriente eléctrica que fluye a través de las líneas de transmisión y su impacto en la capacidad y eficiencia del sistema.

Carga de transformadores

Se refiere a la capacidad de los transformadores para manejar la energía eléctrica, afectando la eficiencia y vida útil de estos equipos.

Corrientes de cortocircuito

Son corrientes inusualmente altas que ocurren cuando hay una conexión directa entre dos puntos de diferente potencial eléctrico, representando un riesgo significativo para la seguridad y estabilidad del sistema.

Frecuencia

Se refiere a la tasa de oscilación de la corriente alterna (CA), medida en hertz (Hz), y es un factor crucial en el diseño de sistemas de transmisión de energía.

Tensión

Es el nivel de fuerza o potencial eléctricos presente en un sistema. En instalaciones de alta tensión, se refiere a los altos niveles de voltaje utilizados para la transmisión de energía a larga distancia.

Ejercicios de autoevaluación

1. ¿Qué reglamento es mencionado como parte del marco normativo en España para las instalaciones eléctricas?

    a. Reglamento de Seguridad Industrial.

    b. Reglamento Electrotécnico para Baja Tensión (REBT).

    c. Código Técnico de la Edificación.

2. ¿Cuál es el voltaje definido para alta tensión en corriente alterna en España?

    a. Superior a 1.500 V.

    b. Superior a 1.000 V.

    c. Superior a 500 V.

3. ¿Qué incluye el mantenimiento de instalaciones de alta tensión?

    a. Solo inspecciones visuales.

    b. Solo pruebas eléctricas.

    c. Revisiones de equipos y pruebas de protecciones.

4. ¿Qué es imprescindible en las operaciones diarias de alta tensión?

    a. Uso exclusivo de tecnología avanzada.

    b. Capacitación adecuada del personal.

    c. Ignorar las normativas de seguridad.

5. ¿Cuál es la frecuencia estándar de la red eléctrica en España?

    a. 50 Hz.

    b. 60 Hz.

    c. 70 Hz.

6. ¿Qué pueden indicar las fluctuaciones significativas en la frecuencia?

   a. Mejora en la eficiencia.

   b. Desequilibrios en la red.

   c. Estabilidad en la transmisión de energía.

7. ¿En qué rangos de voltaje operan generalmente las instalaciones de alta tensión en España?

   a. 10 kV a 200 kV.

   b. 20 kV a 300 kV.

   c. 30 kV a 400 kV.

8. ¿Qué factor es crítico en el diseño y operación de redes eléctricas?

   a. Carga de líneas.

   b. Color de las líneas.

   c. Longitud de las líneas.

9. ¿Qué implica una correcta gestión de la carga de transformadores?

   a. Aumentar siempre la capacidad.

   b. No sobrepasar su capacidad nominal.

   c. Usar transformadores más pequeños.

10.¿Qué se produce cuando hay una conexión accidental de baja impedancia en alta tensión?

   a. Una disminución de la carga.

   b. Un aumento de la eficiencia.

   c. Corrientes de cortocircuito.

U. A. 5. Análisis del sistema eléctrico español

Introducción

Esta unidad de aprendizaje se centra en el análisis detallado del sistema eléctrico español, abarcando su evolución, estado actual y proyecciones a futuro. Comenzaremos explorando el desarrollo histórico y los logros significativos del sistema eléctrico en España, analizando estadísticas clave y tendencias en el consumo y generación de energía eléctrica.

Posteriormente, nos adentraremos en las expectativas y planes para el futuro del sistema eléctrico español, considerando los avances tecnológicos, políticas energéticas y desafíos ambientales.

Objetivos

- Comprender la evolución histórica del sistema eléctrico español y su impacto en la actual infraestructura y gestión energética.
- Identificar las tendencias, desafíos y oportunidades que definirán el futuro del sistema eléctrico en España, incluyendo la integración de energías renovables y la adaptación a los cambios tecnológicos y ambientales.

1. El sistema eléctrico español en cifras (pasado y presente)

El sistema eléctrico español ha experimentado transformaciones significativas, reflejadas en las cifras de demanda, generación y capacidad de transformación. Durante el periodo analizado, la demanda de energía eléctrica en España se situó en 250.421 GWh, lo que implica una disminución del 2,4% en comparación con el año anterior. Esta reducción en la demanda puede atribuirse a diversas causas, como la mejora en la eficiencia energética, las fluctuaciones económicas o los cambios en el comportamiento de los consumidores.

En cuanto al transporte de energía eléctrica, la longitud total de los circuitos de la red nacional alcanza los 45.101 km, lo que demuestra la extensa infraestructura necesaria para mantener conectado y en funcionamiento el sistema eléctrico del país.

Fig. 1. La red nacional es la arteria por la cual fluye la energía desde los puntos de generación hasta los centros de consumo

La capacidad de transformación nacional, por otro lado, se sitúa en 94.221 **MVA**, lo que indica la potencia total disponible para convertir la energía eléctrica de alta tensión en niveles adecuados para su distribución y consumo. Esta capacidad es esencial para mantener la estabilidad y eficiencia del sistema eléctrico frente a las fluctuantes demandas.

En relación con la generación de energía eléctrica, el sistema nacional registró un total de 276.315 GWh, experimentando un aumento del 6,3% respecto al año previo. Este incremento puede estar vinculado al crecimiento de la capacidad instalada, en particular, de fuentes renovables, que solo en 2021 sumaron aproximadamente 4.500 MW al parque generador de España. Este crecimiento es parte de una tendencia más amplia en Europa, donde la generación renovable constituyó el 39,5% del total en los países miembros de ENTSO-E.

Los mercados eléctricos desempeñan un rol necesario en la determinación del precio de la energía, con el mercado diario e intradiario representando el 83,2% del precio final de la energía. Esta proporción subraya la importancia de las operaciones de mercado a corto plazo en la configuración de los costos energéticos para los consumidores.

Además, España ha mantenido una posición como exportador neto de energía eléctrica en los intercambios internacionales programados, con un saldo exportador en 2022 de 19.841 GWh. Este dato no solo refleja la capacidad de producción del país sino también su interconexión y relaciones energéticas con otros países.

Fig. 2. España fortalece su rol en Europa como un nodo energético clave, gracias a su robusta interconexión transfronteriza

La tabla que se presenta a continuación ofrece una visión detallada del estado actual del sistema eléctrico en España, reflejando las cantidades de energía generadas y distribuidas a través de diversas fuentes y procesos. Este desglose se realiza en cuatro periodos distintos: diario, mensual, anual y anual móvil, proporcionando una comprensión clara de la producción energética a corto y largo plazo en el país.

Cada categoría de generación de energía se examina meticulosamente, desde fuentes renovables como la hidráulica, eólica y solar, hasta fuentes no renovables como el carbón y el nuclear. También se incluyen datos sobre el consumo de energía en procesos como el bombeo y las pérdidas inherentes al transporte de energía desde las plantas generadoras hasta los consumidores finales.

Además, se consideran las cifras de intercambios internacionales de energía, destacando la posición de España como un actor clave en el mercado energético europeo.

La tabla proporciona así una instantánea integral del dinámico panorama energético de España, subrayando los esfuerzos del país para mantener y gestionar su red eléctrica en un contexto de demanda fluctuante y transición hacia fuentes de energía más sostenibles.

Categoría	Día (GWh)	Mes (GWh)	Año (GWh)	Año móvil (GWh)
Hidráulica	105	1446	17853	21915
Turbinación bombeo	32	486	4299	5147
Nuclear	120	3742	45525	54868
Carbón	7	373	3449	4462
Fuel + Gas	11	423	3788	4493
Ciclo combinado	129	4087	39976	49017
Hidroeólica	0	0	16	17
Eólica	178	5764	49754	62015
Solar fotovoltaica	38	2629	33479	36152
Solar térmica	0	227	4491	4656
Otras renovables	7	263	3097	3784
Cogeneración	33	1246	15121	17672
Residuos no renovables	4	120	1106	1369
Residuos renovables	3	77	708	849
Generación total	**668**	**20881**	**222662**	**266416**
Consumo en bombeo	-13	-743	-6686	-8099
Saldo intercambios internacionales	-3	-375	-12335	-15086
Demanda transporte (b.c.)	**652**	**19763**	**203642**	**243231**
Pérdidas en transporte	-13	-467	-4278	-5204
Demanda distribución	**639**	**19296**	**199364**	**238027**

La tabla está estructurada en cinco columnas que representan diferentes categorías y periodos de tiempo:

- **Categoría:** Las diferentes fuentes de energía y otros indicadores relevantes del sistema eléctrico. Estos incluyen tipos de energía como hidráulica, nuclear y solar, así como otros elementos del sistema eléctrico como la generación total, el consumo en bombeo y la demanda de distribución.
- **Día (GWh):** La generación de energía en gigavatios-hora para cada categoría en un día específico, el 31 de octubre de 2023.
- **Mes (GWh):** La generación de energía acumulada durante el mes hasta la fecha mencionada.
- **Año (GWh):** La generación de energía acumulada durante el año hasta la fecha mencionada.
- **Año móvil (GWh):** La generación de energía acumulada en los últimos 365 días, proporcionando una vista anual móvil que suaviza las variaciones estacionales.

Las categorías en la tabla abarcan desde las fuentes de generación renovables hasta las no renovables, junto con indicadores de la demanda y el comercio de energía. Por ejemplo, la 'Demanda transporte (b.c.)' representa la energía requerida para el transporte antes de cualquier ajuste o corrección, mientras que la 'Demanda de distribución' refleja la demanda después de considerar las pérdidas durante el transporte de energía.

Fig. 3. Las relaciones energéticas de España se expanden a través de fronteras, consolidando su estatus como un colaborador esencial en el mercado energético europeo

2. El sistema eléctrico español del futuro

El sistema eléctrico español del futuro, en línea con el punto 5.2 que has mencionado, presenta un panorama enfocado en la integración y optimización de nuevas tecnologías y estrategias para garantizar un suministro eléctrico eficiente, sostenible y confiable. Aquí están los aspectos clave de este sistema:

- **Integración de almacenamiento de energía:** El futuro del sistema eléctrico español incluirá soluciones avanzadas de almacenamiento de energía. Esto podría implicar el uso de baterías de gran escala, almacenamiento hidroeléctrico por bombeo, y otras tecnologías emergentes como el almacenamiento térmico o la conversión de energía en hidrógeno. Estas tecnologías permitirán almacenar energía excedente, especialmente de fuentes renovables como la solar y eólica, para usarla en momentos de alta demanda o cuando la producción de energía renovable sea baja.

Fig. 4. La energía eólica es una fuente de energía renovable que convierte la fuerza del viento en electricidad mediante el uso de aerogeneradores

- **Flexibilidad y garantía de suministro:** La flexibilidad en el sistema eléctrico es crucial para gestionar la variabilidad de las energías renovables. Los ciclos combinados de gas natural desempeñarán un papel fundamental en el corto y medio plazo, proporcionando una generación de respaldo estable y flexible. Esto asegura que la demanda de energía se pueda satisfacer en todo momento, especialmente durante los picos de demanda o cuando las condiciones no son favorables para la generación renovable.

- **Optimización de la producción de energía:** Con la adopción de tecnologías avanzadas y el uso de análisis de datos e inteligencia artificial, el sistema eléctrico español podrá optimizar la producción y distribución de energía. Esto incluye la gestión eficiente de las fuentes de generación de energía, la predicción de la demanda, y la respuesta en tiempo real a las fluctuaciones en la oferta y demanda de energía.

Fig. 5. Los vehículos eléctricos podrían actuar como almacenamiento de energía móvil, proporcionando energía a la red durante los picos de demanda

- **Integración de energías renovables:** La meta es incrementar significativamente la proporción de energías renovables en la matriz energética. Esto no solo reduce la dependencia de los combustibles fósiles y las emisiones de carbono, sino que también fomenta la sostenibilidad y la autosuficiencia energética. El reto aquí es integrar estas fuentes intermitentes de manera que se mantenga la estabilidad y fiabilidad del sistema eléctrico.

- **Innovación y desarrollo tecnológico:** Se espera que el sistema eléctrico español del futuro invierta y adopte nuevas tecnologías y prácticas innovadoras.

Esto podría incluir el desarrollo de redes eléctricas inteligentes, soluciones de eficiencia energética, y la exploración de nuevas formas de generación y almacenamiento de energía.

Anotación

En conclusión, el sistema eléctrico español del futuro se orientará hacia una mayor sostenibilidad, fiabilidad y eficiencia, aprovechando las tecnologías avanzadas y las energías renovables, mientras mantiene un equilibrio con sistemas de generación más tradicionales para garantizar la estabilidad y la seguridad del suministro.

U. A. 5. Análisis del sistema eléctrico español

Resumen

El sistema eléctrico español ha pasado por importantes transformaciones, evidenciadas en las estadísticas de demanda, generación y capacidad. La demanda eléctrica ha disminuido un 2,4% respecto al año anterior, llegando a 250.421 GWh, debido a la eficiencia energética, cambios económicos y de comportamiento del consumidor. La red de transporte eléctrico, con 45.101 km de circuitos, muestra la extensa infraestructura necesaria para mantener el sistema. La capacidad de transformación, situada en 94.221 MVA, es clave para adaptar la energía de alta tensión a niveles aptos para distribución y consumo.

La generación de energía ha aumentado un 6,3%, alcanzando 276.315 GWh, impulsada por el crecimiento en fuentes renovables, que añadieron 4.500 MW en 2021. Esto refleja una tendencia más amplia en Europa, donde la generación renovable representó el 39,5% del total en países miembros de ENTSO-E. Los mercados eléctricos, con el mercado diario e intradiario representando el 83,2% del precio final de la energía, son fundamentales para determinar los costos energéticos. España se mantiene como exportador neto de energía eléctrica, con un saldo exportador de 19.841 GWh en 2022, destacando su capacidad de producción y relaciones energéticas internacionales.

Mirando hacia el futuro, el sistema eléctrico español se enfocará en la integración y optimización de nuevas tecnologías para asegurar un suministro eficiente y sostenible. Se incluirán soluciones avanzadas de almacenamiento de energía, como baterías de gran escala y almacenamiento hidroeléctrico por bombeo. La flexibilidad será clave para manejar la variabilidad de las energías renovables, con los ciclos combinados de gas natural proporcionando generación de respaldo.

La optimización de la producción energética se logrará mediante tecnologías avanzadas y el uso de análisis de datos e inteligencia artificial, lo que incluye la gestión eficiente de las fuentes de energía y la predicción de la demanda. La integración de energías renovables será una prioridad, buscando incrementar significativamente su proporción en la matriz energética. Además, se espera que el sistema invierta en innovación y desarrollo tecnológico, incluyendo redes eléctricas inteligentes y soluciones de eficiencia energética. En resumen, el sistema eléctrico español se orientará hacia una mayor sostenibilidad, fiabilidad y eficiencia, equilibrando las tecnologías avanzadas y las energías renovables con sistemas de generación más tradicionales.

Glosario

Eficiencia energética

Medidas y tecnologías destinadas a reducir el consumo de energía manteniendo el mismo nivel de servicio energético.

Energías renovables

Fuentes de energía que se obtienen de recursos naturales renovables, como el sol, el viento o el agua.

Mercado eléctrico

Mecanismos y estructuras que regulan la generación, distribución y comercialización de electricidad.

Red eléctrica de España (REE)

Organización encargada de la operación del sistema eléctrico nacional y el transporte de electricidad en alta tensión.

Transición energética

Proceso de cambio hacia sistemas de generación de energía más sostenibles y menos dependientes de combustibles fósiles.

Ejercicios de autoevaluación

1. **¿Cuál fue la disminución porcentual en la demanda de energía eléctrica en España en comparación con el año anterior?**

   a. 1.5%

   b. 2.4%

   c. 3.2%

2. **¿Cuál es la longitud total de los circuitos de la red nacional de transporte de energía eléctrica en España?**

   a. 35.100 km.

   b. 40.101 km.

   c. 45.101 km.

3. **¿Cuál es la capacidad de transformación nacional en MVA?**

   a. 84.221 MVA.

   b. 94.221 MVA.

   c. 104.221 MVA.

4. **¿Qué incremento porcentual experimentó la generación de energía eléctrica en el sistema nacional respecto al año previo?**

   a. 4.3%

   b. 5.3%

   c. 6.3%

5. ¿Cuántos MW sumaron las fuentes renovables al parque generador de España solo en 2021?

    a. Aproximadamente 3.500 MW

    b. Aproximadamente 4.500 MW*

    c. Aproximadamente 5.500 MW

6. ¿Qué porcentaje del precio final de la energía representa el mercado diario e intradiario?

    a. 73.2%

    b. 83.2%

    c. 93.2%

7. ¿Cuál fue el saldo exportador de energía eléctrica de España en 2022?

    a. 9.841 GWh

    b. 19.841 GWh

    c. 29.841 GWh

8. ¿Qué tecnología de almacenamiento de energía se incluirá en el futuro sistema eléctrico español?

    a. Baterías de gran escala.

    b. Almacenamiento de energía cinética.

    c. Almacenamiento en forma de calor.

9. ¿Qué papel jugarán los ciclos combinados de gas natural en el futuro sistema eléctrico español?

    a. Serán eliminados gradualmente.

    b. Proporcionarán una generación de respaldo estable y flexible.

    c. Se utilizarán solo para la generación de emergencia.

10.¿Cuál es el objetivo principal de la optimización de la producción de energía en el sistema eléctrico español del futuro?

a. Reducir los costos operativos.

b. Aumentar la exportación de energía.

c. Gestionar eficientemente las fuentes de generación de energía.

U. A. 6. Operación del sistema eléctrico español

Introducción

En esta unidad de aprendizaje, exploraremos los aspectos fundamentales de la operación del sistema eléctrico español. Abordaremos los criterios de seguridad y funcionamiento esenciales para mantener la integridad y eficiencia del sistema.

Analizaremos el establecimiento de la reserva de regulación frecuencia-potencia, un componente crítico para el equilibrio entre la oferta y demanda de energía.

Además, profundizaremos en la operación de la red de transporte, estudios y medidas de corto plazo, actuaciones en tiempo real, el régimen especial en tiempo real, y la gestión de las interconexiones internacionales.

Esta unidad proporciona una comprensión integral de cómo se gestiona y opera el sistema eléctrico en España, resaltando su importancia en la infraestructura energética del país.

Objetivos

- Identificar y explicar los criterios y normativas que garantizan la seguridad y el correcto funcionamiento del sistema eléctrico español.
- Entender los diferentes aspectos de la operación del sistema eléctrico, incluyendo la gestión de la reserva de regulación frecuencia-potencia, operación de la red de transporte, y la gestión de interconexiones internacionales.

1. Criterios de seguridad y funcionamiento

El correcto funcionamiento del sistema eléctrico español se basa en una serie de criterios de seguridad y operacionales estrictos, diseñados para garantizar tanto la integridad física de la infraestructura como la fiabilidad en la entrega de energía a los consumidores.

Los criterios de seguridad son primordiales en la operación del sistema eléctrico. Estos incluyen el mantenimiento de la estabilidad de la red bajo diferentes condiciones operativas, la protección contra sobrecargas y fallos en el sistema, y la capacidad de reaccionar y recuperarse ante incidencias imprevistas. Esto implica un diseño robusto de la red, con redundancias y mecanismos de aislamiento para prevenir fallos en cadena. Además, se establecen protocolos estrictos para la inspección y el mantenimiento preventivo de los equipos y las infraestructuras, asegurando que estos se encuentren en óptimas condiciones para soportar las demandas del sistema.

En cuanto al funcionamiento, los criterios se centran en la eficiencia y eficacia de la generación, transmisión y distribución de electricidad. Se busca optimizar la producción de energía, adaptándola a las demandas del mercado y minimizando los costes operativos. Esto incluye la gestión eficiente de los recursos energéticos, tanto renovables como no renovables, y la implementación de tecnologías avanzadas para el control y la automatización de la red.

Fig. 1. Las fuentes de energía no renovables, como las centrales térmicas, son muy importantes para garantizar la continuidad del suministro

Un aspecto crítico en los criterios de funcionamiento es la regulación de la frecuencia y la tensión. El sistema debe ser capaz de ajustar la generación y absorber variaciones de carga para mantener estos parámetros dentro de los límites establecidos, asegurando así la calidad y la continuidad del suministro.

Finalmente, un aspecto clave en los criterios de seguridad y funcionamiento es la resiliencia y adaptabilidad del sistema frente a situaciones cambiantes, como pueden ser las variaciones estacionales en la demanda de energía, el incremento en la generación de energías renovables, y los desafíos planteados por el cambio climático. Esto requiere un enfoque dinámico y proactivo en la planificación y la gestión del sistema, incluyendo inversiones continuas en investigación y desarrollo para integrar nuevas tecnologías y prácticas operativas.

Anotación

Estos criterios no solo garantizan el suministro constante y seguro de electricidad, sino que también se alinean con los objetivos de sostenibilidad y eficiencia energética, fundamentales para el desarrollo y el bienestar en España.

2. Establecimiento de la reserva de regulación frecuencia-potencia

La reserva de regulación frecuencia-potencia es un aspecto clave para garantizar la estabilidad y fiabilidad del sistema eléctrico. Esta reserva se refiere a la capacidad del sistema para ajustar la generación y absorber las variaciones de la demanda, manteniendo la frecuencia de la red dentro de límites operativos seguros. La frecuencia en un sistema eléctrico debe mantenerse cerca de un valor nominal (como 50 Hz en Europa), y cualquier desviación significativa puede resultar en daños a la infraestructura o incluso en apagones.

Fig. 2. La reserva de regulación frecuencia-potencia es esencial para responder a cambios rápidos en la demanda de energía y mantener la estabilidad del sistema eléctrico

El proceso de establecimiento de la reserva implica determinar la cantidad de capacidad de generación adicional que debe estar disponible para responder rápidamente a las fluctuaciones en la demanda o a la pérdida inesperada de generación. Esto se hace mediante la evaluación continua de la demanda prevista, la capacidad de generación existente y las posibles contingencias. Las unidades de generación seleccionadas para proporcionar esta reserva están en un estado de alerta y pueden ser activadas rápidamente para aumentar o reducir su producción según sea necesario.

La gestión de la reserva de regulación frecuencia-potencia es un proceso dinámico. Requiere una coordinación constante entre operadores de red, proveedores de energía y sistemas de control automático. La tecnología de medición y control avanzado, como los sistemas SCADA (Supervisory Control And Data Acquisition), juega un papel vital en este proceso, permitiendo ajustes en tiempo real y asegurando que la reserva siempre esté alineada con las necesidades actuales del sistema.

Imaginemos un escenario práctico para entender mejor cómo funciona la reserva de regulación frecuencia-potencia en el sistema eléctrico. Supongamos que es un día de verano muy caluroso en España. Debido a las altas temperaturas, hay un aumento significativo en el uso de aires acondicionados en hogares y oficinas, lo que lleva a un pico de demanda de electricidad inesperado en la red.

Respuesta del sistema eléctrico:

- **Detección del aumento de la demanda.** Los sistemas de monitoreo de la red, como SCADA, detectan rápidamente este aumento inusual en la demanda de electricidad. Estos sistemas proporcionan datos en tiempo real sobre el consumo de energía y la frecuencia de la red.
- **Activación de la reserva de regulación.** Para responder a este pico de demanda y evitar una caída en la frecuencia de la red (que debería mantenerse cerca de 50 Hz), se activa la reserva de regulación frecuencia-potencia. Esto significa que las plantas de generación que han sido designadas como parte de esta reserva aumentan su producción de energía. Por ejemplo, una planta de ciclo combinado que estaba operando a un nivel de producción reducido, se pone en marcha a su capacidad total para aportar más energía a la red.
- **Estabilización de la frecuencia.** La inyección adicional de energía de estas plantas ayuda a equilibrar la oferta y la demanda, estabilizando la frecuencia de la red. Esto es esencial, ya que una desviación significativa de la frecuencia nominal podría causar daños a los equipos conectados a la red y, en casos extremos, provocar apagones.
- **Ajustes continuos.** Durante el evento, los operadores de la red y los sistemas automáticos continúan monitorizando la situación. Si la demanda sigue aumentando o disminuyendo, realizan ajustes adicionales en la producción de las plantas de la reserva para mantener la estabilidad de la red.
- **Normalización.** Una vez que la demanda vuelve a los niveles normales, las plantas de la reserva reducen gradualmente su producción y el sistema vuelve a su estado de operación habitual.

Fig. 3. La coordinación efectiva entre la generación de energía, los sistemas de monitoreo y control, y la gestión de la red asegura un suministro de electricidad confiable

3. Operación de la red de transporte

La red de transporte es la columna vertebral del sistema eléctrico, conectando las plantas de generación con los centros de consumo a través de líneas de alta tensión. La operación eficiente de esta red es fundamental para garantizar un suministro de energía seguro y confiable.

La operación de la red de transporte implica una coordinación cuidadosa para asegurar que la electricidad generada se transmita desde los puntos de generación hasta los consumidores finales de manera eficiente. Esto incluye la gestión de flujos de energía a través de la red, minimizando las pérdidas de transmisión y evitando sobrecargas en cualquier parte del sistema.

Fig. 4. Un aspecto esencial de la operación de la red de transporte es el mantenimiento regular y la atención a la seguridad

El mantenimiento regular y la atención a la seguridad implica inspecciones rutinarias, reparaciones y actualizaciones para asegurar que la infraestructura esté en óptimas condiciones. La seguridad de la red también incluye medidas para proteger contra eventos físicos y cibernéticos que podrían interrumpir el suministro de energía.

Con el creciente enfoque en las energías renovables, la red de transporte también enfrenta el desafío de integrar fuentes de energía más variadas y geográficamente dispersas. Esto requiere una mayor flexibilidad y adaptabilidad en la operación de la red, así como inversiones en tecnologías que permitan una mejor integración y gestión de estas fuentes de energía.

Anotación

En definitiva, el establecimiento de la reserva de regulación frecuencia-potencia y la operación eficiente de la red de transporte son fundamentales para la estabilidad y la eficiencia del sistema eléctrico español. Estos elementos trabajan en conjunto para garantizar que la demanda de energía sea satisfecha de manera confiable y sostenible, adaptándose a las condiciones cambiantes y a las necesidades futuras.

4. Estudios y medidas de corto plazo

Los estudios y medidas de corto plazo en el sistema eléctrico son fundamentales para anticipar y prepararse para las variaciones inmediatas en la demanda y oferta de energía. Estos estudios implican análisis detallados y proyecciones sobre el comportamiento del sistema en un horizonte de tiempo corto, generalmente de horas a semanas.

Se realiza un monitoreo constante de la demanda energética, teniendo en cuenta factores como los patrones de consumo, condiciones climáticas y eventos especiales. Paralelamente, se evalúa la disponibilidad de recursos de generación, incluyendo centrales térmicas, plantas de energía renovable y posibles importaciones de energía.

Este análisis permite identificar posibles desequilibrios entre la oferta y la demanda.

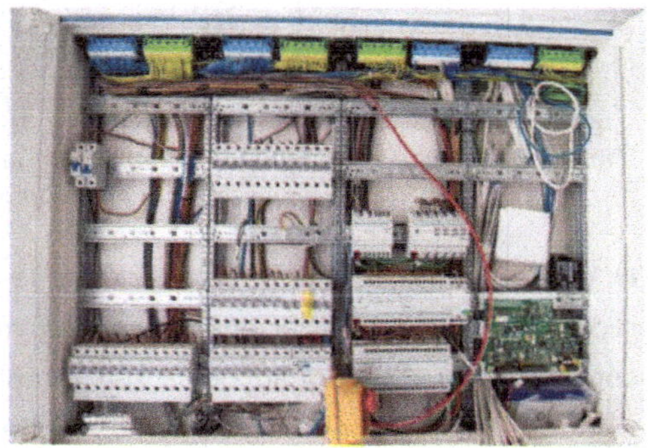

Fig. 5. Las medidas a corto plazo aseguran la continuidad y eficiencia del suministro eléctrico, minimizando riesgos y optimizando recursos

Con base en estos estudios, se elaboran planes operativos de corto plazo que incluyen la programación de la generación, la gestión de la red de transmisión y posibles acciones de respuesta a la demanda.

Imaginemos que nos aproximamos al verano en España y los meteorólogos predicen una ola de calor que durará una semana. Las temperaturas altas suelen aumentar significativamente el uso de sistemas de refrigeración, lo que a su vez incrementa la demanda de electricidad.

Monitoreo y análisis

Anticipándose a esta situación, los operadores del sistema eléctrico comienzan a monitorear y analizar varios factores clave:

- **Patrones de consumo:** Evalúan datos históricos y tendencias recientes para prever cómo la ola de calor afectará la demanda de electricidad, especialmente durante las horas pico.
- **Condiciones climáticas:** Incorporan las previsiones meteorológicas en sus modelos para estimar el aumento de la demanda.
- **Recursos de generación:** Revisan la capacidad disponible en las centrales térmicas y plantas de energía renovable, así como la posibilidad de importar energía si fuera necesario.

Planificación operativa

Basándose en este análisis, los operadores elaboran un plan operativo de corto plazo:

- **Programación de la generación:** Ajustan la programación de las plantas de generación para asegurarse de que puedan satisfacer el incremento esperado en la demanda. Por ejemplo, pueden programar que las plantas de ciclo combinado operen a una mayor capacidad durante las horas pico.
- **Gestión de la red de transmisión:** Refuerzan la vigilancia sobre la red de transmisión para prevenir y responder rápidamente a cualquier incidencia, como sobrecargas o fallos.
- **Acciones de respuesta a la demanda:** Implementan medidas como incentivos para que los grandes consumidores reduzcan su consumo durante las horas pico, ayudando a equilibrar la demanda con la oferta disponible.

Implementación y ajustes

Durante la ola de calor, los operadores vigilan continuamente la situación y hacen ajustes según sea necesario. Si la demanda supera las expectativas en ciertas horas, pueden activar reservas adicionales de generación o intensificar las medidas de respuesta a la demanda.

5. Actuaciones en tiempo real

Las actuaciones en tiempo real se refieren a la gestión instantánea del sistema eléctrico para responder a condiciones y eventos que se desarrollan en el momento. Esta gestión es fundamental para mantener la estabilidad y seguridad de la red eléctrica, adaptándose rápidamente a cualquier cambio inesperado o emergencia.

Se utiliza tecnología avanzada para el monitoreo y control en tiempo real del sistema eléctrico. Esto incluye sistemas de telemetría y SCADA, que proporcionan datos actualizados sobre el estado de la red, flujos de energía, estado de las instalaciones de generación y condiciones de las interconexiones.

En caso de incidencias como fallos en la red, variaciones bruscas de la demanda o problemas en las plantas de generación, se activan protocolos de emergencia. Estos pueden incluir la redistribución de cargas, activación de reservas de generación o medidas de reducción de demanda.

Fig. 6. La redistribución de cargas es esencial para equilibrar la red eléctrica, optimizando la distribución de energía y mejorando la eficiencia del sistema

La efectividad de las actuaciones en tiempo real depende de la coordinación entre diferentes agentes del sistema eléctrico, como operadores de red, generadores, distribuidores y consumidores industriales. Esta cooperación es esencial para implementar soluciones rápidas y eficientes ante cualquier desafío operativo.

Tanto los estudios y medidas de corto plazo como las actuaciones en tiempo real son componentes esenciales en la operación del sistema eléctrico español. Los primeros permiten una planificación proactiva y ajustada a las necesidades inmediatas, mientras que las segundas aseguran una respuesta ágil y eficiente ante cualquier situación imprevista, garantizando así la estabilidad y fiabilidad del suministro eléctrico.

6. El régimen especial en tiempo real

El régimen especial en tiempo real dentro del sistema eléctrico español se refiere a un conjunto de procedimientos y medidas adoptadas para gestionar situaciones excepcionales o críticas en la red. Estas situaciones pueden incluir eventos imprevistos como fallas en componentes críticos de la red, condiciones meteorológicas extremas que afectan la generación o la demanda de energía, o cualquier otro escenario que requiera una respuesta inmediata para mantener la estabilidad y seguridad del sistema eléctrico.

Fig. 7. Los eventos imprevistos, como fallas en componentes críticos de la red, requieren una respuesta rápida y eficiente

En tales circunstancias, se activan protocolos específicos que permiten una gestión más flexible y reactiva de los recursos de generación y transmisión. Esto puede incluir la activación de reservas de generación de emergencia, la reconfiguración de la red de transmisión, o la implementación de medidas de gestión de la demanda. La efectividad del régimen especial depende en gran medida de la coordinación en tiempo real entre los operadores de red, las plantas de generación, los distribuidores y, en algunos casos, los consumidores finales.

Vamos a desglosar cómo se lleva a cabo esta coordinación entre estos.

Coordinación entre operadores de red y plantas de generación:

- **Comunicación continua:** Los operadores de red mantienen una comunicación constante con las plantas de generación. Esto incluye la transmisión de datos en tiempo real sobre las necesidades de la red, como cambios en la demanda de energía o problemas en la infraestructura de transmisión.
- **Respuesta a la demanda:** Las plantas de generación ajustan su producción basándose en la información recibida de los operadores de red. Por ejemplo, pueden aumentar o disminuir su generación para mantener el equilibrio de la red y responder a las fluctuaciones de la demanda.
- **Gestión de emergencias:** En situaciones de emergencia, los operadores de red pueden solicitar a las plantas de generación que activen sus reservas o cambien su modo de operación para estabilizar la red.

Coordinación con distribuidores:

- **Flujo de información:** Los operadores de red proporcionan a los distribuidores información actualizada sobre el estado de la red, incluyendo cualquier restricción o problema que pueda afectar la distribución de energía.
- **Gestión de cargas:** Los distribuidores, a su vez, pueden implementar estrategias de gestión de carga en sus redes locales para aliviar la presión sobre la red principal. Esto puede incluir la redistribución de la carga o la implementación de cortes rotativos en casos extremos.
- **Planificación y preparación para emergencias:** Los distribuidores trabajan en estrecha colaboración con los operadores de red para planificar y prepararse para posibles escenarios de emergencia, asegurando que puedan responder rápidamente y de manera efectiva.

Coordinación con consumidores finales:

- **Comunicación y concientización:** En ciertos casos, especialmente durante emergencias o picos de demanda, los operadores de red y distribuidores pueden comunicarse directamente con los consumidores finales, a través de diversos medios, para informarles sobre la situación actual y solicitar su colaboración en la reducción del consumo.

- **Programas de respuesta a la demanda:** Existen programas que involucran a consumidores finales, especialmente industriales y comerciales, donde se acuerdan previamente las reducciones de consumo durante períodos de alta demanda o emergencias a cambio de incentivos.
- **Tecnología de medición inteligente:** La implementación de tecnologías como los contadores inteligentes permite una mejor gestión del consumo de energía y facilita la participación de los consumidores en la gestión de la demanda.

Fig. 8. La coordinación es esencial para responder de manera efectiva a las condiciones cambiantes y a los desafíos operativos que puedan surgir

En conclusión, la coordinación en tiempo real entre operadores de red, plantas de generación, distribuidores y consumidores finales es un proceso dinámico y multifacético. Implica una comunicación constante y eficaz, un intercambio de información en tiempo real, y una planificación y preparación conjuntas para garantizar la estabilidad y seguridad del sistema eléctrico en todo momento.

El objetivo principal es garantizar que se pueda responder eficazmente a cualquier crisis, minimizando el impacto en los consumidores y manteniendo la integridad del sistema. El régimen especial en tiempo real es, por lo tanto, un componente crítico para la resiliencia del sistema eléctrico, asegurando que este pueda soportar y recuperarse de perturbaciones inesperadas.

7. Gestión de las interconexiones internacionales

Las interconexiones internacionales en el sistema eléctrico español juegan un papel fundamental en la estabilización de la red y en la optimización de los recursos energéticos a nivel regional. Estas interconexiones permiten el intercambio de electricidad con países vecinos, lo cual es imprescindible para equilibrar la oferta y la demanda, especialmente en situaciones de exceso o escasez de energía.

La gestión eficiente de estas interconexiones requiere una coordinación constante con los sistemas eléctricos de los países vecinos y la adhesión a los acuerdos y normativas regionales e internacionales. Se deben considerar aspectos como las diferencias en las capacidades de generación, las variaciones en los patrones de consumo, y los precios de la energía en los diferentes mercados.

La integración efectiva con las redes de otros países no solo mejora la seguridad del suministro, sino que también permite una mayor penetración de fuentes renovables, al facilitar el equilibrio entre las áreas con exceso de generación y las que enfrentan déficit. Sin embargo, la gestión de estas interconexiones también presenta desafíos, como la necesidad de sincronización técnica entre diferentes redes y la gestión de riesgos asociados a la dependencia energética exterior.

Fig. 9. Las interconexiones internacionales del sistema eléctrico español son vitales tanto para la seguridad del suministro como para la promoción de las energías renovables

Además, las interconexiones internacionales son clave en la estrategia a largo plazo para el mercado energético europeo, donde se busca un mercado energético más integrado y sostenible. Esto implica inversiones continuas en infraestructuras de interconexión y en sistemas de gestión que permitan un flujo eficiente y seguro de la electricidad a través de las fronteras.

Recuerda

El régimen especial en tiempo real y la gestión de las interconexiones internacionales son aspectos críticos en la operación y la estrategia a largo plazo del sistema eléctrico español. Estos elementos garantizan no solo la estabilidad y seguridad de la red a nivel nacional, sino también su integración eficiente en el contexto energético regional e internacional.

El sistema eléctrico español tiene varias interconexiones internacionales clave que desempeñan un papel clave en la estabilidad y eficiencia de su red eléctrica. Estas interconexiones facilitan el intercambio de electricidad con los países vecinos, lo que es especialmente importante dada la ubicación geográfica de España en la península ibérica y su potencial en energías renovables.

A continuación, se detallan algunos aspectos concretos de estas interconexiones en el contexto español:

- **Interconexiones con Francia.** España tiene varias interconexiones con Francia, que son fundamentales para el intercambio de electricidad entre la península ibérica y el resto de Europa. Estas interconexiones han sido históricamente limitadas en capacidad, pero han experimentado mejoras y ampliaciones en los últimos años.

  Existen proyectos para aumentar la capacidad de interconexión con Francia, lo cual es crucial para facilitar un mayor intercambio de energía, especialmente energía renovable. Por ejemplo, el proyecto de interconexión eléctrica a través de los Pirineos (INELFE) busca reforzar estas conexiones.

- **Interconexiones con Portugal.** España tiene una sólida interconexión con Portugal, lo que permite un flujo bidireccional de electricidad entre ambos países. Esto es parte del mercado ibérico de la electricidad (MIBEL), que integra los mercados de energía de España y Portugal.

  Estas interconexiones permiten que ambos países se apoyen mutuamente en términos de seguridad energética, permitiendo la importación y exportación de energía según las necesidades y la disponibilidad de recursos.

- **Interconexiones con Marruecos.** España también tiene interconexiones con Marruecos a través de enlaces submarinos que cruzan el estrecho de Gibraltar. Estas interconexiones no solo son importantes para el intercambio de electricidad sino también como un puente energético entre Europa y África.

Fig. 10. La mejora y expansión de las conexiones son clave para la integración energética de España con Europa y el Norte de África

- **Desafíos y oportunidades.** Uno de los principales desafíos de estas interconexiones es la integración eficiente con los sistemas energéticos de los países vecinos, teniendo en cuenta las diferencias en las regulaciones, la capacidad de generación y los patrones de demanda.

España, con su alto potencial en energías renovables como la solar y la eólica, puede beneficiarse significativamente de una mayor capacidad de interconexión para exportar excedentes de energía renovable.

Estas interconexiones son fundamentales en la estrategia de la Unión Europea para crear un mercado energético más integrado y sostenible, promoviendo así la seguridad energética y la transición hacia fuentes de energía más limpias.

Resumen

El sistema eléctrico español se basa en criterios de seguridad y operacionales para garantizar la integridad de la infraestructura y la fiabilidad en la entrega de energía. Esto incluye mantener la estabilidad de la red, proteger contra sobrecargas y fallos, y capacidad de recuperación ante incidencias imprevistas. Se enfoca en la eficiencia y eficacia de la generación, transmisión y distribución de electricidad, optimizando la producción de energía y gestionando eficientemente recursos energéticos renovables y no renovables.

Esta reserva es esencial para mantener la estabilidad y fiabilidad del sistema eléctrico, ajustando la generación de energía y absorbiendo variaciones de demanda para mantener la frecuencia de la red dentro de límites seguros. Implica determinar la capacidad de generación adicional necesaria para responder a fluctuaciones en la demanda o pérdidas de generación, requiriendo una coordinación constante entre operadores de red, proveedores de energía y sistemas de control automático.

La red de transporte, que conecta las plantas de generación con los centros de consumo, es vital para un suministro de energía seguro y confiable. Su operación eficiente incluye la gestión de flujos de energía, minimizando pérdidas de transmisión y evitando sobrecargas. El mantenimiento regular y la atención a la seguridad son cruciales, así como la adaptabilidad para integrar fuentes de energía renovables.

Los estudios de corto plazo son clave para anticipar variaciones en la demanda y oferta de energía. Incluyen el monitoreo de la demanda energética, considerando patrones de consumo, condiciones climáticas y eventos especiales, y evaluando la disponibilidad de recursos de generación. Estos estudios resultan en planes operativos de corto plazo para programar la generación y gestionar la red de transmisión.

Refiere a la gestión instantánea del sistema eléctrico ante eventos imprevistos, utilizando tecnología avanzada para monitorizar y controlar el sistema en tiempo real. Esto incluye responder a fallos en la red, variaciones bruscas de demanda o problemas en plantas de generación, y activar protocolos de emergencia como la redistribución de cargas y activación de reservas de generación.

El régimen especial gestiona situaciones excepcionales en la red, como fallas en componentes críticos o condiciones meteorológicas extremas. Implica protocolos para una gestión flexible de recursos de generación y transmisión, activación de reservas de emergencia y reconfiguración de la red de transmisión, dependiendo de una coordinación eficaz entre operadores de red, plantas de generación y distribuidores.

Las interconexiones internacionales son fundamentales para la estabilización de la red y la optimización de recursos energéticos. Permiten el intercambio de electricidad con países vecinos, equilibrando la oferta y la demanda y facilitando la integración de fuentes renovables. Requieren coordinación con sistemas eléctricos de otros países y adhesión a normativas regionales e internacionales, siendo clave en la estrategia energética europea.

Glosario

Actuaciones en tiempo real

Decisiones y acciones implementadas de manera inmediata para responder a las condiciones cambiantes y requerimientos del sistema eléctrico.

Estudios de corto plazo

Análisis y evaluaciones realizadas para prever y planificar las necesidades y recursos del sistema eléctrico en un horizonte de tiempo corto.

Interconexiones internacionales

Infraestructuras y protocolos que permiten el intercambio de energía eléctrica entre diferentes países, contribuyendo a la seguridad y eficiencia energética a nivel internacional.

Red de transporte

Infraestructura que permite el traslado de energía eléctrica desde los centros de generación hasta los puntos de distribución o consumo.

Reserva de regulación frecuencia-potencia

Mecanismos y estrategias utilizados para mantener el equilibrio entre la oferta y demanda de energía eléctrica, ajustando la frecuencia y la potencia en la red.

Ejercicios de autoevaluación

1. **¿Qué objetivo principal tienen los criterios de seguridad en la operación del sistema eléctrico español?**

   a. Maximizar la producción de energía renovable.
   b. Mantener la estabilidad de la red bajo diferentes condiciones operativas.
   c. Reducir los costos operativos al mínimo.

2. **¿Cuál es una de las principales funciones de la reserva de regulación frecuencia-potencia?**

   a. Mantener la frecuencia de la red dentro de límites operativos seguros.
   b. Reducir el consumo de energía en horas pico.
   c. Aumentar la producción de energías renovables.

3. **¿Qué aspecto es esencial en la operación de la red de transporte del sistema eléctrico español?**

   a. Implementar tecnologías de energías renovables.
   b. Conectar las plantas de generación con los centros de consumo.
   c. Reducir la demanda de energía en las horas pico.

4. **¿Qué se evalúa en los estudios de corto plazo del sistema eléctrico?**

   a. La eficiencia a largo plazo de las plantas de generación.
   b. La inversión en nuevas tecnologías de generación.
   c. La disponibilidad de recursos de generación y la demanda energética.

5. ¿Qué tecnología se utiliza para el monitoreo y control en tiempo real del sistema eléctrico?

a. Paneles solares.

b. Sistemas de telemetría y SCADA.

c. Turbinas eólicas.

6. ¿Cuál es una acción típica bajo el régimen especial en tiempo real?

a. Expansión a largo plazo de la red de transporte.

b. Activación de reservas de generación de emergencia.

c. Inversión en nuevas plantas de generación.

7. ¿Qué buscan garantizar los criterios de funcionamiento del sistema eléctrico?

a. La independencia energética de otros países.

b. La eficiencia y eficacia de la generación, transmisión y distribución de electricidad.

c. La producción exclusiva de energía renovable.

8. ¿Cuál es el valor nominal de la frecuencia que debe mantenerse en el sistema eléctrico en Europa?

a. 60 Hz.

b. 55 Hz.

c. 50 Hz.

9. ¿Cuál es un desafío clave en la operación de la red de transporte con el enfoque en energías renovables?

a. Reducir la demanda total de energía.

b. Integrar fuentes de energía más variadas y geográficamente dispersas.

c. Eliminar completamente las fuentes de energía no renovables.

10.¿Qué factor se considera en los estudios de corto plazo para la gestión del sistema eléctrico?

a. Tendencias de consumo a largo plazo.

b. Cambios en la legislación energética.

c. Condiciones climáticas.

U. A. 7. Tramitación de procedimientos administrativos

Introducción

La tramitación de procedimientos administrativos es un aspecto fundamental del funcionamiento de la administración pública. Abarca una variedad de procesos a través de los cuales las entidades gubernamentales gestionan y aplican normativas, otorgan permisos y licencias, y aseguran el cumplimiento de la ley en diferentes sectores.

Esta unidad de aprendizaje proporciona una visión general de los conceptos básicos, profundiza en los procedimientos sectoriales y ambientales, examina otros procedimientos administrativos relevantes, y detalla aspectos específicos como la licencia municipal de obras y las autorizaciones relativas a bienes de interés público.

Objetivos

- Comprender los conceptos básicos de los procedimientos administrativos, incluyendo sus tipos, fases y principios rectores.
- Analizar procedimientos específicos en diferentes ámbitos, como los sectoriales, ambientales, y aquellos relacionados con bienes demaniales y de uso público, identificando sus particularidades y requisitos.

1. Conceptos básicos

En el marco de la administración pública española, los procedimientos administrativos se rigen por principios y normativas que aseguran un manejo eficiente, transparente y justo de las actividades del Estado y sus interacciones con los ciudadanos. Estos procedimientos son el mecanismo a través del cual se ejerce la función administrativa, y su correcta comprensión es esencial para la gestión pública y privada.

A continuación, se desglosan algunos de los conceptos básicos fundamentales:

- **Principios rectores.** Los procedimientos administrativos en España se fundamentan en principios básicos establecidos por la Ley 39/2015, del Procedimiento Administrativo Común de las Administraciones Públicas. Entre estos principios se encuentran la legalidad, la igualdad, la transparencia, la participación ciudadana, la responsabilidad y la eficacia. Estos principios garantizan que los procedimientos se lleven a cabo de manera justa, accesible y en conformidad con la ley.

La Ley 39/2015 establece los fundamentos y regula el procedimiento administrativo común, asegurando la garantía de los derechos de los ciudadanos en la administración pública española.

- **Fases del procedimiento.** Un procedimiento administrativo típico en España se desarrolla a través de varias fases: iniciación, ordenación, instrucción y terminación. La iniciación puede ser de oficio por la administración o a solicitud de un interesado. La ordenación implica organizar el procedimiento para su correcto desarrollo. La instrucción comprende todas las acciones necesarias para la recopilación y evaluación de información relevante. Finalmente, la terminación se da mediante una resolución, que puede ser expresa o presumida, en caso de silencio administrativo.

- **Tipos de procedimientos.** Existen varios tipos de procedimientos administrativos. El procedimiento ordinario es el más general y se aplica cuando no hay un procedimiento específico establecido. Los procedimientos especiales están diseñados para casos concretos y regulados por normativas específicas, como los procedimientos tributarios, sancionadores o de extranjería.

- **Silencio administrativo:** El silencio administrativo es una figura jurídica en la que la falta de respuesta de la Administración en el plazo establecido puede tener efectos positivos o negativos, dependiendo de la regulación aplicable. Este mecanismo busca evitar la parálisis de los procedimientos debido a la inacción administrativa.

Fig. 1. El silencio administrativo busca evitar la inmovilidad procedimental

- **Recursos administrativos.** En el sistema administrativo español, los ciudadanos tienen el derecho de presentar recursos contra las decisiones administrativas. Los más comunes son el recurso de alzada, dirigido a un órgano superior al que tomó la decisión, y el recurso potestativo de reposición, presentado ante el mismo órgano que emitió la resolución.

Anotación

Este conjunto de conceptos básicos proporciona un marco esencial para comprender cómo se desarrollan y gestionan los procedimientos administrativos en España, asegurando que los derechos de los ciudadanos sean respetados y que la administración actúe de manera eficiente y conforme a la ley.

2. Procedimientos sectoriales

Los procedimientos sectoriales en España se refieren a los trámites administrativos específicos a cada sector de actividad gubernamental, abarcando una amplia gama de áreas como la salud, educación, transporte, urbanismo, y otros. Estos procedimientos son fundamentales para la regulación y el control de actividades dentro de sus respectivos campos, asegurando que se cumplan los estándares y normativas establecidas.

Cada sector cuenta con sus propios procedimientos, diseñados para abordar las particularidades y necesidades específicas de ese ámbito.

Ejemplo

Por ejemplo, en el sector salud, los procedimientos pueden incluir la autorización de nuevos medicamentos, la acreditación de profesionales de la salud, o la inspección de instalaciones sanitarias. En el ámbito de la educación, se encuentran procedimientos para la homologación de títulos, acreditación de instituciones educativas y concesión de becas y ayudas.

Fig. 2. Los procedimientos sectoriales juegan un papel clave para el mantenimiento de estándares de calidad y seguridad en cada sector

Estos procedimientos son fundamentales para garantizar la equidad y el acceso a servicios esenciales. Además, juegan un papel importante en la promoción de la innovación y el desarrollo, facilitando la adaptación a nuevas tecnologías y cambios en el mercado.

Importante

Para garantizar la eficiencia y transparencia, estos procedimientos se rigen por principios de legalidad, buena administración y protección de los derechos de los ciudadanos. La administración pública, en su compromiso con el servicio al público, se asegura de que estos procesos sean accesibles, comprensibles y justos para todos los interesados.

Los procedimientos sectoriales pueden variar considerablemente dependiendo de la legislación y las necesidades de cada sector.

Sin embargo, a continuación, se expone una tabla representativa de algunos de los procedimientos sectoriales más comunes:

Sector	Procedimiento sectorial	Descripción breve
Salud	Autorización de medicamentos	Proceso para la aprobación y control de nuevos fármacos y tratamientos médicos.
Educación	Homologación de títulos	Procedimiento para reconocer la equivalencia de títulos académicos extranjeros.
Transporte	Licencias de transporte	Permisos para operar servicios de transporte, ya sea público o privado.
Urbanismo	Planes de ordenación urbana	Procedimientos para la aprobación de planes de desarrollo urbano y uso del suelo.
Agricultura	Subvenciones agrícolas	Procesos para la concesión de ayudas y subvenciones a agricultores y entidades agrarias.
Medio Ambiente	Autorizaciones de impacto ambiental	Permisos requeridos para proyectos con potencial impacto ambiental significativo.
Energía	Licencias de producción y distribución energética	Procedimientos para la generación, distribución y comercialización de energía.
Telecomunicaciones	Licencias de operadores de telecomunicaciones	Autorizaciones para empresas que ofrecen servicios de telecomunicaciones.
Industria	Inspecciones industriales	Procedimientos de control y verificación del cumplimiento normativo en instalaciones industriales.
Turismo	Registro de empresas turísticas	Proceso de inscripción y clasificación de empresas y servicios en el sector turístico.

3. Procedimientos ambientales

Los procedimientos ambientales en España forman una parte vital de la legislación y gestión ambiental, teniendo como objetivo la protección y conservación del medio ambiente. Estos procedimientos son fundamentales para evaluar y mitigar los impactos ambientales de diferentes proyectos y actividades, asegurando un desarrollo sostenible y la protección de los recursos naturales.

Uno de los procedimientos ambientales más importantes es la Evaluación de Impacto Ambiental (EIA), requerida para proyectos de construcción y otras actividades que puedan tener un impacto significativo en el medio ambiente. Este procedimiento implica la realización de estudios detallados para evaluar los posibles efectos negativos y la propuesta de medidas para mitigarlos o compensarlos.

Fig. 3. Los procedimientos ambientales en España son una pieza clave en la estrategia nacional para un desarrollo equilibrado y sostenible

Otro procedimiento relevante es la Autorización Ambiental Integrada (AAI), que busca garantizar un alto nivel de protección del medio ambiente en su conjunto. Este proceso es necesario para ciertas instalaciones industriales y actividades que pueden tener impactos significativos en el aire, agua y suelo, así como en la salud humana.

Además, existen procedimientos para la gestión de residuos, control de emisiones, protección de espacios naturales y especies en peligro, y para la promoción de energías renovables y prácticas sostenibles en diversos sectores. Estos procedimientos no solo cumplen con la legislación nacional, sino también con directivas y acuerdos internacionales en materia de medio ambiente.

Anotación

La gestión de estos procedimientos requiere una coordinación efectiva entre diferentes niveles de gobierno y la participación de los ciudadanos, ONGs y empresas. Esto asegura un enfoque integral y participativo en la protección ambiental, alineando las necesidades de desarrollo económico con la preservación del patrimonio natural para las futuras generaciones.

Además de los ya mencionados, los procedimientos ambientales en España incluyen también la gestión de licencias y permisos para actividades que puedan tener un impacto directo en el medio ambiente. Por ejemplo, los permisos para actividades extractivas, agrícolas o forestales, que deben ser evaluados cuidadosamente para asegurar que su impacto en los ecosistemas sea sostenible y controlado.

Un aspecto esencial de los procedimientos ambientales es la participación pública. La legislación ambiental española y europea enfatiza la importancia de la transparencia y la participación ciudadana en la toma de decisiones ambientales. Esto se manifiesta en el derecho de acceso a la información ambiental, la participación en el proceso de consulta pública durante las evaluaciones de impacto ambiental y en la capacidad de los ciudadanos de presentar alegaciones o recursos contra decisiones que consideren perjudiciales para el medio ambiente.

Fig. 4. La vigilancia y el cumplimiento son componentes esenciales de los procedimientos ambientales

La implementación efectiva de los procedimientos ambientales también requiere una estrecha colaboración entre las autoridades ambientales y otros sectores gubernamentales, así como la integración de consideraciones ambientales en todas las políticas y programas de desarrollo. Esto garantiza que las decisiones económicas y de planificación tengan en cuenta la sostenibilidad ambiental y la conservación a largo plazo.

Las autoridades ambientales están encargadas de supervisar que las actividades y proyectos cumplan con las condiciones establecidas en las autorizaciones y licencias ambientales. El incumplimiento de estas condiciones puede resultar en sanciones, multas o, en casos graves, en la revocación de las licencias.

4. Otros procedimientos

Además de los procedimientos sectoriales y ambientales, en España existen otros procedimientos administrativos que abarcan diversos aspectos de la gestión pública y la interacción entre la administración y los ciudadanos.

Uno de los ejemplos más significativos de otros procedimientos es el relacionado con la seguridad ciudadana y el orden público. Esto incluye trámites para la obtención de permisos de residencia, nacionalidad, y documentación personal como el DNI y pasaporte. Estos procedimientos son esenciales para garantizar la identificación adecuada de los ciudadanos y residentes, así como para regular la estancia y movilidad de personas no nacionales.

Otro ámbito importante es el de los registros públicos. Esto abarca la inscripción en registros civiles, mercantiles, de propiedad y otros, que son fundamentales para la certificación de hechos y actos jurídicos, como nacimientos, matrimonios, defunciones, constitución de empresas, o la propiedad y transacciones inmobiliarias.

Fig. 5. Los procedimientos son variados y atienden a múltiples necesidades de la sociedad y el estado

También son relevantes los procedimientos administrativos en el área de la seguridad social y el empleo. Estos incluyen trámites para la afiliación y cotización a la seguridad social, gestión de prestaciones y subsidios, así como procedimientos relacionados con la regulación laboral y la mediación en conflictos de trabajo.

Recuerda

Estos procedimientos, entre muchos otros, forman parte integral de la administración pública y son esenciales para el funcionamiento de un Estado que busca ser eficiente, justo y cercano a las necesidades de sus ciudadanos.

5. Licencia municipal de obras

La licencia municipal de obras es un procedimiento administrativo clave en el ámbito del urbanismo y la construcción en España. Este permiso es otorgado por los ayuntamientos y es esencial para garantizar que todas las obras de construcción, reforma, rehabilitación o demolición se realicen conforme a la normativa urbanística y de seguridad vigente.

El proceso de obtención de una licencia de obras comienza con la presentación de un proyecto técnico, elaborado por un profesional cualificado, que debe incluir detalles de la obra a realizar. Este proyecto se somete a evaluación por parte de los técnicos municipales, quienes verifican que el proyecto cumpla con las normativas urbanísticas locales, códigos de edificación, y requisitos de seguridad y accesibilidad.

Las licencias de obras se clasifican generalmente en dos categorías: mayor y menor. Las licencias de obra mayor se requieren para construcciones nuevas, grandes reformas o cambios de uso de un inmueble. Por otro lado, las licencias de obra menor se destinan a obras de menor envergadura, como reformas interiores o pequeñas modificaciones en una propiedad.

Fig. 6. La licencia municipal de obras es un instrumento esencial para el control y la planificación urbana en España

Es vital obtener la licencia municipal de obras antes de iniciar cualquier construcción, ya que realizar obras sin la licencia adecuada puede resultar en sanciones, multas e incluso la obligación de reponer el inmueble a su estado original. Además, la licencia de obras asegura que las construcciones se ajusten a los planes de ordenación urbana y contribuyan al desarrollo armónico de las ciudades y municipios.

Ejemplo

Imaginemos que un propietario, Carlos, desea realizar una reforma significativa en su casa ubicada en Sevilla, España. Carlos planea añadir una nueva habitación y renovar completamente la cocina.

Antes de comenzar cualquier obra, debe obtener una licencia municipal de obras para asegurarse de que su proyecto se ajusta a las normativas y planes urbanísticos de la ciudad.

- **Paso 1: Preparación del proyecto.** Carlos contrata a un arquitecto para que elabore un proyecto técnico detallado de la reforma. Este proyecto incluye planos, descripciones de las obras a realizar, materiales a utilizar y asegura que se cumplan los códigos de edificación y las normas de seguridad y accesibilidad.
- **Paso 2: Presentación del proyecto.** Una vez que el proyecto está listo, Carlos lo presenta junto con la solicitud de licencia de obra mayor en el Ayuntamiento de Sevilla, ya que su proyecto implica una ampliación significativa de su vivienda. Adjunta todos los documentos requeridos, que incluyen el proyecto técnico, su identificación, la escritura de la propiedad y el pago de las tasas correspondientes.
- **Paso 3: Evaluación y aprobación.** Los técnicos del ayuntamiento revisan el proyecto de Carlos. Verifican que la reforma propuesta cumple con las normativas urbanísticas locales, no infringe las normas de construcción y respeta los límites de propiedad. Además, aseguran que la obra no afectará negativamente el entorno urbano ni a los vecinos.
- **Paso 4: Obtención de la licencia.** Después de algunas semanas, el proyecto de Carlos es aprobado. El ayuntamiento le otorga la licencia municipal de obras, que especifica las condiciones bajo las cuales debe llevarse a cabo la reforma.
- **Paso 5: Realización de las obras.** Con la licencia en mano, Carlos contrata a un constructor para iniciar las obras. Durante la construcción, es posible que inspectores municipales visiten la obra para asegurarse de que se está cumpliendo con lo aprobado en el proyecto.
- **Paso 6: Finalización y certificación.** Una vez finalizadas las obras, Carlos debe notificar al ayuntamiento y, en algunos casos, presentar un certificado final de obra, emitido por el arquitecto, que confirma que las obras se han completado según el proyecto aprobado.

Fig. 7. La licencia municipal de obras asegura que las actividades de construcción se realicen de manera segura, legal y en armonía con el entorno y la comunidad

6. Autorizaciones relativas a bienes demaniales, de uso público, patrimoniales y de interés público

Las autorizaciones necesarias para la gestión y uso de ciertos tipos de propiedades y recursos en España son fundamentales para garantizar que el uso de bienes y recursos públicos se realice de manera eficiente, transparente y en beneficio de la sociedad.

A continuación, se explican en detalle.

Bienes demaniales:

- Los bienes demaniales son aquellos bienes de propiedad pública que están destinados a un uso público o a un servicio público. Incluyen, por ejemplo, carreteras, parques, playas y edificios gubernamentales.
- La autorización para el uso de bienes demaniales es imprescindible para garantizar que estos recursos se utilicen de manera adecuada y sostenible. Por ejemplo, cualquier actividad comercial o evento que se realice en una playa pública requeriría una autorización administrativa específica, asegurando que dicha actividad sea compatible con el uso público del espacio.

Bienes de uso público:

- Similar a los bienes demaniales, los bienes de uso público son aquellos que están destinados al uso y disfrute general de los ciudadanos, como los parques y espacios públicos abiertos.
- Las autorizaciones para eventos o actividades en estos lugares buscan equilibrar la accesibilidad pública con la organización de actividades específicas, como festivales o mercados temporales.

Bienes patrimoniales:

- Los bienes patrimoniales son aquellos que pertenecen a las entidades públicas, pero no están destinados a un uso o servicio público específico. Estos pueden incluir propiedades inmobiliarias o activos financieros.

- Las autorizaciones en este ámbito suelen estar relacionadas con la venta, arrendamiento o gestión de estos bienes, y se rigen por normativas que buscan asegurar la transparencia y la eficiencia en su administración.

Bienes de interés público:

- Estos se refieren a propiedades o recursos que, independientemente de su titularidad pública o privada, son considerados de importancia para la comunidad debido a su valor histórico, cultural, ambiental o social.
- Las autorizaciones para intervenir, modificar o utilizar estos bienes buscan proteger su valor y asegurar que cualquier cambio o uso sea beneficioso para la comunidad y respetuoso con su significado.

Fig. 8. Las autorizaciones implican un proceso detallado y riguroso que refleja la responsabilidad de las entidades públicas de administrar los bienes

Anotación

En conclusión, las autorizaciones relativas a bienes demaniales, de uso público, patrimoniales y de interés público son herramientas clave en la gestión de los recursos y propiedades del Estado, asegurando su uso y disfrute adecuado por parte de la sociedad y preservando su valor para las generaciones futuras.

Resumen

En la administración pública española, los procedimientos administrativos se fundamentan en la Ley 39/2015, que establece principios de legalidad, igualdad, transparencia, participación ciudadana, responsabilidad y eficacia. Estos procedimientos avanzan a través de fases de iniciación, ordenación, instrucción y terminación, y se dividen en tipos ordinarios y especiales, como los tributarios o de extranjería. Además, el concepto de silencio administrativo actúa como una decisión implícita, y los ciudadanos tienen el derecho a recurrir decisiones administrativas.

Los procedimientos sectoriales se especializan en ámbitos como la salud, educación, transporte y urbanismo, siendo esenciales para regular y garantizar estándares en cada sector. Ejemplos incluyen la autorización de nuevos medicamentos y la homologación de títulos académicos. Estos procedimientos se rigen por principios de legalidad y buena administración, jugando un papel determinante en la promoción de la innovación y el desarrollo.

Los procedimientos ambientales son clave en la estrategia de desarrollo sostenible de España, con la Evaluación de Impacto Ambiental (EIA) y la Autorización Ambiental Integrada (AAI) como ejemplos notables. Se enfocan en minimizar impactos ambientales negativos, gestionar residuos, controlar emisiones y proteger espacios naturales y especies en peligro. Requieren cooperación gubernamental y participación ciudadana para garantizar la sostenibilidad ambiental y la conservación de recursos naturales.

Existen otros procedimientos administrativos que cubren la seguridad ciudadana y el orden público, como la obtención de permisos de residencia y documentación personal. Los registros públicos, como el civil o mercantil, y los procedimientos en seguridad social y empleo, también forman parte de esta categoría, siendo fundamentales para la identificación, la regulación laboral y la gestión de prestaciones sociales.

La licencia municipal de obras es un permiso crucial en urbanismo y construcción, necesario para obras mayores y menores. Su obtención requiere un proyecto técnico que debe cumplir con las normativas urbanísticas y de seguridad. Esta licencia asegura que las construcciones se ajusten a los planes de ordenación urbana y contribuyan al desarrollo armónico de los municipios.

Las autorizaciones para bienes demaniales, de uso público, patrimoniales y de interés público son vitales para la gestión eficiente y transparente de los recursos públicos. Aseguran que el uso de estos bienes se realice de manera adecuada y sostenible, protegiendo su valor histórico, cultural, ambiental o social, y contribuyendo al bienestar de la sociedad.

Glosario

Autorizaciones sectoriales

Permisos específicos requeridos para actividades en sectores regulados, como salud, educación o transporte.

Bienes demaniales

Bienes de propiedad pública destinados al uso general o al servicio público, como carreteras, parques y edificios gubernamentales.

Impacto ambiental

Evaluación de las consecuencias que un proyecto o actividad propuesta puede tener sobre el medio ambiente.

Licencia municipal de obras

Autorización otorgada por el ayuntamiento para realizar obras de construcción, modificación o demolición en una propiedad.

Procedimiento administrativo

Secuencia de pasos y formalidades establecidos por la ley que las autoridades deben seguir en la toma de decisiones administrativas.

Ejercicios de autoevaluación

1. **¿Cuál de los siguientes principios no es un principio rector de los procedimientos administrativos en España según la Ley 39/2015?**

    a. Legalidad.
    b. Arbitrariedad.
    c. Transparencia.

2. **¿Qué implica el silencio administrativo en un procedimiento administrativo?**

    a. Retraso en el proceso.
    b. Aprobación o denegación tácita.
    c. Necesidad de más documentación.

3. **¿Qué recurso se presenta ante el mismo órgano que emitió una resolución?**

    a. Recurso de alzada.
    b. Recurso potestativo de reposición.
    c. Recurso de apelación.

4. **¿Qué procedimiento sectorial se aplica en el sector de la salud?**

    a. Licencias de transporte.
    b. Autorización de medicamentos.
    c. Homologación de títulos.

5. **¿Para qué se utiliza la homologación de títulos en el sector educativo?**

    a. Para asignar becas.
    b. Para acreditar profesionales.
    c. Para reconocer la equivalencia de títulos académicos extranjeros.

6. ¿Qué procedimiento ambiental es necesario para proyectos con impacto significativo en el medio ambiente?

a. Autorización Ambiental Integrada.

b. Evaluación de Impacto Ambiental.

c. Gestión de residuos.

7. ¿Cuál es el propósito principal de la Autorización Ambiental Integrada (AAI)?

a. Promover energías renovables.

b. Proteger espacios naturales.

c. Asegurar un alto nivel de protección del medio ambiente.

8. ¿Qué tipo de procedimiento incluye la obtención de permisos de residencia?

a. Procedimientos sectoriales.

b. Procedimientos ambientales.

c. Otros procedimientos.

9. ¿Dónde se inscriben los actos jurídicos como matrimonios o defunciones?

a. En registros civiles.

b. En registros de la propiedad.

c. En registros mercantiles.

10. ¿Qué tipo de licencia municipal de obras se requiere para construcciones nuevas?

a. Licencia de obra menor.

b. Licencia de obra mayor.

c. Licencia de uso del suelo.

Aplicaciones prácticas

Aplicación práctica 1. Planificación de la red de transporte

U. A. 1. Política de infraestructuras eléctricas de alta tensión

Durante una ola de calor en España, la Red Eléctrica de España (REE) enfrenta un aumento significativo en la demanda de electricidad. Al mismo tiempo, una de las principales centrales de generación convencional ha reducido su producción temporalmente.

La REE necesita gestionar eficientemente la situación para mantener la estabilidad del sistema eléctrico, equilibrando la oferta y la demanda de electricidad.

Como miembro del equipo de la REE, tu tarea es elaborar un plan básico para manejar este aumento de demanda.

El plan debe incluir:

- Propuesta de soluciones:
    - Sugerir cómo se puede aumentar el uso de energías renovables.
    - Identificar otras fuentes de energía temporales para cubrir el déficit.

- Plan de acción:
    - Describir pasos concretos sobre cómo implementar estas soluciones.
    - Establecer un método para monitorear y ajustar el plan según sea necesario.

Aplicación práctica 2. Desarrollo de la ley de la electricidad

U. A. 2. Marco legal

En España, el sector eléctrico está experimentando un cambio significativo hacia las energías renovables. Recientemente, se ha inaugurado un gran parque eólico en una región con alta capacidad de producción de energía eólica.

La Red Eléctrica de España (REE) necesita integrar eficazmente esta nueva fuente de energía renovable en el sistema eléctrico nacional, garantizando la estabilidad y eficiencia de la red.

Como asesor energético, debes elaborar una propuesta para la integración efectiva del nuevo parque eólico en el sistema eléctrico.

La propuesta debe:

- Sugerir métodos para equilibrar la intermitencia de la energía eólica.
- Proponer sistemas de almacenamiento de energía o reservas de respaldo.

Aplicación práctica 3. Mitigación de impactos ambientales y visuales en infraestructuras eléctricas

U. A. 3. Normativa medioambiental

El Ministerio de Transición Ecológica y Reto Demográfico planea construir una nueva línea de alta tensión para mejorar la distribución de energía en una zona rural que ha experimentado un crecimiento significativo en la demanda de electricidad.

La nueva línea de alta tensión deberá atravesar una región que incluye áreas de importancia ecológica y comunidades rurales. La región incluye un área protegida conocida por su rica flora y fauna, incluyendo varias especies endémicas y en peligro de extinción. Además, la zona cuenta con paisajes de gran belleza natural, incluyendo bosques, colinas y un lago, que son atractivos turísticos y tienen un valor estético para las comunidades locales.

Como consultor ambiental, debes proponer al menos dos medidas de mitigación para los posibles impactos en la biodiversidad local y al menos dos estrategias para minimizar el impacto visual de la construcción y operación de la línea.

Para ello debes tener en cuenta las siguientes indicaciones:

- El estudio preliminar indica que la ruta propuesta para la línea de alta tensión atraviesa hábitats críticos para especies en peligro, como un ave migratoria rara y una especie de orquídea nativa.
- La construcción puede causar fragmentación del hábitat, perturbación de la fauna y riesgo de colisión para aves migratorias.
- La línea de alta tensión podría alterar visualmente paisajes naturales clave, incluyendo vistas del lago y los bosques, que son cruciales para el turismo local.
- La presencia de torres y cables puede contrastar negativamente con el entorno natural.
- Conservar las vistas naturales clave.

Aplicación práctica 4. Protocolos de seguridad para prevenir riesgos

U. A. 4. Parámetros de diseño en instalaciones de alta tensión

En una ciudad española, se está planificando la instalación de una nueva planta de alta tensión para mejorar la eficiencia de la red eléctrica local y satisfacer la creciente demanda de electricidad.

La nueva planta debe cumplir con las normativas nacionales e internacionales en cuanto a diseño, operación y mantenimiento de instalaciones de alta tensión.

Como ingeniero eléctrico, debes establecer protocolos de seguridad para prevenir riesgos asociados a las corrientes de cortocircuito. Nombra al menos cinco medidas.

Aplicación práctica 5. Gestión de la demanda energética ante el crecimiento

U. A. 5. Análisis del sistema eléctrico español

La demanda de energía eléctrica en una región específica de España ha aumentado un 10% en el último año, principalmente debido al crecimiento de la industria local.

La red eléctrica actual no es suficiente para manejar este incremento de la demanda, lo que ha llevado a problemas de estabilidad y cortes de energía frecuentes.

Como especialista en gestión de redes eléctricas, debes implementar soluciones para gestionar y equilibrar la demanda de energía, especialmente durante los picos.

Aplicación práctica 6. Control de la frecuencia y continuidad del suministro eléctrico

U. A. 6. Operación del sistema eléctrico español

Se ha producido una ola de calor extremo en España, llevando a un aumento sin precedentes en el uso de sistemas de refrigeración y, por lo tanto, a un pico inesperado en la demanda de electricidad. Este aumento repentino amenaza con desestabilizar la red eléctrica del país.

La red eléctrica está experimentando fluctuaciones de frecuencia debido a la desproporción entre la oferta y la demanda de energía. Se necesita una acción rápida para evitar posibles apagones y garantizar la continuidad del suministro eléctrico.

Como gerente de operaciones en el centro de control de la red eléctrica nacional, debes tomar medidas inmediatas para abordar esta situación crítica. Propón al menos 5 medidas.

Aplicación práctica 7. Digitalización de trámites administrativo

U. A. 7. Tramitación de procedimientos administrativos

Un ayuntamiento español está revisando sus procedimientos administrativos para mejorar la eficiencia y la satisfacción del ciudadano.

Se ha identificado una necesidad de agilizar los trámites relacionados con licencias municipales de obras y autorizaciones ambientales, ya que actualmente se enfrentan a retrasos significativos.

Como consultor de gestión pública, debes sugerir cambios en los procesos para reducir el tiempo de tramitación, incluyendo la digitalización de documentos y la implementación de un sistema de citas online.

Ejercicio de evaluación final

1. **¿Qué organismo lidera la planificación de la red de transporte de electricidad y gas en España?**

   a. Ministerio de Industria, Comercio y Turismo.
   b. Ministerio para la Transición Ecológica y el Reto Demográfico.
   c. Ministerio de Asuntos Económicos y Transformación Digital.

2. **¿Qué se considera en el proceso de elaboración de los planes para la red de transporte de electricidad y gas?**

   a. Solo la demanda nacional.
   b. Solo la demanda regional.
   c. Necesidades actuales y futuras considerando demanda regional y nacional.

3. **¿Cuál es un desafío actual en la planificación de la red de transporte en España?**

   a. Reducir la eficiencia de la red.
   b. Adaptación a nuevas demandas de movilidad urbana.
   c. Disminuir la integración con la red europea.

4. **¿Cuál es un principio clave del sector eléctrico?**

   a. La sostenibilidad ambiental promoviendo energías renovables.
   b. El enfoque exclusivo en la energía nuclear.
   c. La prohibición de la competencia en el mercado.

5. ¿Cuál es la función principal de los comercializadores en el sector eléctrico?

a. Vender electricidad a los consumidores.

b. Generar electricidad en plantas hidroeléctricas.

c. Regular y supervisar el sector eléctrico.

6. ¿Qué aspecto regula la Ley 24/2013 del Sector Eléctrico?

a. La prohibición total de la electricidad en ciertas zonas.

b. Las actividades de los distintos agentes del sector, estableciendo un marco claro y transparente.

c. La centralización del mercado eléctrico en una sola empresa.

7. ¿Qué es crucial para la gestión de recursos en el sitio de construcción?

a. El uso eficiente de recursos como agua y energía.

b. La utilización de tecnología avanzada.

c. La contratación de mano de obra local.

8. ¿Qué se requiere del personal involucrado en la construcción?

a. Experiencia previa en proyectos similares.

b. Capacitación en prácticas medioambientales.

c. Conocimientos avanzados en ingeniería eléctrica.

9. ¿Qué acción se debe realizar una vez completada la construcción?

a. Una ceremonia de inauguración.

b. La realización de acciones de restauración del paisaje.

c. La evaluación exclusiva de la eficiencia energética.

10.¿Qué dispositivos se utilizan para proteger la red en caso de un cortocircuito?

a. Conectores y cables.

b. Fusibles y relés de protección.

c. Generadores y transformadores.

11.¿Qué asegura la estabilidad en las instalaciones de alta tensión?

a. Uso exclusivo de energía renovable.

b. Sistemas de control y protección efectivos.

c. Ignorar las variaciones de carga.

12.¿Qué se necesita para prevenir una cascada de fallas en la red?

a. Desconexión selectiva de partes de la red.

b. Aumentar siempre la generación de energía.

c. Eliminar todos los dispositivos de protección.

13.¿Qué proporción de energías renovables se busca alcanzar en la matriz energética española?

a. 50%

b. 74%

c. 85%

14.¿Qué tecnologías se espera que el sistema eléctrico español del futuro adopte?

a. Redes eléctricas inteligentes y soluciones de eficiencia energética.

b. Solo energía solar y eólica.

c. Únicamente energía nuclear mejorada.

15.¿Cuál es el enfoque general del futuro sistema eléctrico español?

a. Concentrarse únicamente en energías no renovables.

b. Mantener un equilibrio con sistemas de generación más tradicionales.

c. Eliminar completamente el uso de gas natural.

16.¿Cuál es un componente clave en las actuaciones en tiempo real del sistema eléctrico?

a. Planificación de expansión de la red a largo plazo.

b. Redistribución de cargas.

c. Desarrollo de nuevas fuentes de energía.

17.¿Qué permite el régimen especial en tiempo real en caso de fallas en componentes críticos de la red?

a. Una respuesta rápida y eficiente.

b. Una reducción gradual de la demanda de energía.

c. Una transición hacia fuentes de energía renovables.

18.¿Qué buscan mejorar las interconexiones internacionales en el sistema eléctrico español?

a. La autonomía energética de España.

b. La seguridad del suministro y la penetración de fuentes renovables.

c. La reducción de costos de la energía para los consumidores finales.

19.¿Qué papel juegan las interconexiones con Francia en el sistema eléctrico español?

a. Proporcionar una fuente primaria de energía renovable.

b. Facilitar el intercambio de electricidad entre la península ibérica y el resto de Europa.

c. Reducir la dependencia de las energías renovables.

20.¿Qué se incluye en la gestión de la red de transporte para mantener un suministro de energía seguro y confiable?

    a. Exclusivamente la generación de energía renovable.

    b. Solo la distribución de electricidad a zonas urbanas.

    c. La gestión de flujos de energía y la prevención de sobrecargas.

21.¿Cuál es un objetivo clave de los estudios de corto plazo en el sistema eléctrico español?

    a. Planificar la expansión a largo plazo de la red.

    b. Prever las variaciones inmediatas en la demanda y oferta de energía.

    c. Evaluar la viabilidad de proyectos de energía renovable.

22.¿En qué consiste principalmente la coordinación entre operadores de red y plantas de generación bajo el régimen especial en tiempo real?

    a. Negociar precios de la energía.

    b. Compartir tecnologías de generación.

    c. Ajustar la producción de energía según las necesidades de la red.

23.¿Cuál es una acción típica de los operadores del sistema eléctrico español durante las actuaciones en tiempo real?

    a. Lanzar campañas de ahorro energético a largo plazo.

    b. Activar protocolos de emergencia ante incidencias.

    c. Planificar la desactivación de plantas de generación no renovables.

24.¿Quién otorga la licencia municipal de obras?

    a. El gobierno central.

    b. Los ayuntamientos.

    c. Las comunidades autónomas.

25.¿Qué tipo de bienes incluye carreteras y parques?

a. Bienes de uso público.

b. Bienes patrimoniales.

c. Bienes demaniales.

26.¿Qué tipo de bienes son considerados de importancià para la comunidad por su valor histórico, cultural, ambiental o social?

a. Bienes de uso público.

b. Bienes de interés público.

c. Bienes patrimoniales.

27.¿Cuál es la fase final en un procedimiento administrativo típico en España?

a. Ordenación.

b. Instrucción.

c. Terminación.

28.¿Qué procedimiento sectorial se utiliza para la aprobación de planes de desarrollo urbano?

a. Licencias de transporte.

b. Planes de ordenación urbana.

c. Subvenciones agrícolas.

29.¿Qué esencialmente busca la gestión de residuos en los procedimientos ambientales?

a. Promover el turismo ecológico.

b. Controlar la contaminación ambiental.

c. Asegurar el uso eficiente de recursos.

30.¿Cuál es un requisito para obtener la licencia municipal de obras?

a. Aprobación de los vecinos.

b. Presentación de un proyecto técnico detallado.

c. Pago de impuestos municipales.

Solucionario

U. A. 1. Política de infraestructuras eléctricas de alta tensión

1. b	**6.** c
2. b	**7.** b
3. c	**8.** a
4. b	**9.** b
5. a	**10.** b

U. A. 2. Marco legal

1. b	**6.** c
2. c	**7.** b
3. a	**8.** b
4. b	**9.** b
5. c	**10.** a

U. A. 3. Normativa medioambiental

1. b	**6.** b
2. c	**7.** a
3. a	**8.** a
4. c	**9.** b
5. b	**10.** b

U. A. 4. Parámetros de diseño en instalaciones de alta tensión

1. b	**6.** b
2. b	**7.** c
3. c	**8.** a
4. b	**9.** b
5. a	**10.** c

U. A. 5. Análisis del sistema eléctrico español

1. b	**6.** b
2. c	**7.** b
3. b	**8.** a
4. c	**9.** b
5. b	**10.** c

U. A. 6. Operación del sistema eléctrico español

1. b	**6.** b
2. a	**7.** b
3. b	**8.** c
4. c	**9.** b
5. b	**10.** c

U. A. 7. Tramitación de procedimientos administrativos

1. b
2. b
3. b
4. b
5. c

6. b
7. c
8. c
9. a
10. b

Bibliografía

Legislación

Real Decreto 223/2008, de 15 de febrero, por el que se aprueban el Reglamento sobre condiciones técnicas y garantías de seguridad en líneas eléctricas de alta tensión y sus instrucciones técnicas complementarias ITC-LAT 01 a 09.

Real Decreto 298/2021, de 27 de abril, por el que se modifican diversas normas reglamentarias en materia de seguridad industrial.

Textos electrónicos

Alta tensión: seguridad en trabajos y maniobras en centros de transformación.
Dirección URL:

https://www.insst.es/documents/94886/327166/ntp_222.pdf/cfbaab28-4422-410d-b5c9-4b48fa0aafee

Diseño de puestas a tierra en centros de transformación en edificio de otros usos, de tensión nominal ≤ 30 kV. Dirección URL:

https://industria.gob.es/Calidad-Industrial/seguridadindustrial/instalacionesindustriales/instalaciones-alta-tension/Documents/centrales-electricas-subestaciones/iberdrola/MT_2.11.34_1_FEB14-.pdf

El sistema eléctrico español. Dirección URL:

https://www.sistemaelectrico-ree.es/sites/default/files/2022-06/InformeSistemaElectrico2021.pdf

Especificaciones particulares para instalaciones de alta tensión (hasta 30 kv) y baja tensión. Dirección URL:

https://industria.gob.es/Calidad-Industrial/seguridadindustrial/instalacionesindustriales/instalaciones-alta-tension/Documents/reglamento-alta-tension/iberdrola/MT%202.03.20_E11_may19-.pdf

Guía técnica de aplicación: Protecciones. Dirección URL:

https://industria.gob.es/Calidad-Industrial/seguridadindustrial/instalacionesindustriales/baja-tension/Documents/bt/guia_bt_18_oct05R1.pdf

Normas particulares para instalaciones de Alta Tensión (Hasta 30 KV) y Baja Tensión MT 2.03.20. Dirección URL:

https://iicv.net/wp-content/uploads/documents-and-technical-tools/normas_particulares_2_03_20_vr2_rev_publico_modo_de_compatibilidad.pdf

Webgrafía

¿Cómo funciona el sistema eléctrico español?

https://www.naturgy.es/hogar/blog/como_funciona_el_sistema_electrico_espanol

El Gobierno lanza una ampliación urgente de la red eléctrica para enchufar 'megaproyectos' verdes

https://www.elperiodico.com/es/economia/20231215/gobierno-lanza-ampliacion-urgente-red-electrica-95879496

El marco normativo español

https://www.energiaysociedad.es/manual-de-la-energia/2-2-el-marco-normativo-espanol/.

El proceso de liberalización y separación de actividades reguladas

https://www.energiaysociedad.es/manual-de-la-energia/4-1-el-proceso-de-liberalizacion-y-separacion-de-actividades-reguladas/.

El sector eléctrico español: los agentes implicados

https://www.barcelonaenergia.cat/es/-/el-sector-electrico-espanol-los-agentes-implicados

Historia de la electricidad en España

https://www.energiaysociedad.es/manual-de-la-energia/1-2-historia-de-la-electricidad-en-espana/

Líneas eléctricas de alta tensión. Legislación Nacional

https://industria.gob.es/Calidad-Industrial/seguridadindustrial/instalacionesindustriales/lineas-alta-tension/Paginas/lineas-alta-tension.aspx

Mercado eléctrico

https://www.fundacionendesa.org/es/educacion/endesa-educa/recursos/el-mercado-electrico

Normativa

https://www.ree.es/es/clientes/generador/gestion-medidas-electricas/normativa

Planificación energética

https://www.miteco.gob.es/es/energia/estrategia-normativa/planificacion.html

Reglamento en alta tensión: normativa de las instalaciones eléctricas

https://www.eurofins-environment.es/es/reglamento-alta-tension-normativa-instalaciones-electricas/

Reglamento sobre condiciones técnicas y garantías de seguridad en instalaciones eléctricas de alta tensión (2014)

https://industria.gob.es/Calidad-Industrial/seguridadindustrial/instalacionesindustriales/instalaciones-alta-tension/Paginas/reglamento-seguridad-instalaciones-alta-tension.aspx

Tramitación de instalaciones. Autorización de instalaciones

https://www.miteco.gob.es/eu/energia/energia-electrica/electricidad/tramitacion-instalaciones.html

9000003310015